香料養生研究室
草藥學家暨營養師的藥用香料保健指南

探索十九種廚房常見香料，
從臨床特性到食譜應用，
調配改善人體七大健康基礎的
養生處方箋

貝文・克萊爾（BEVIN CLARE）著

常常生活文創

獻給我的家人，
希望我能與他們共同環遊世界，
並品嚐所有的香料。

推薦序

全世界都在關注香料，你準備好了嗎？

想學香料，不知道該從何學起？

家中香料櫃必備那些常用香料？

香料、香草、草藥、中藥有什麼不同？

　　自教學以來常被問到這幾個問題，認識單方香料被稱為扎馬步，書中收錄十九種產自世界各地的香料，從健康面向與預防醫學角度切入，也罕見提到醫事人員運用香料份數的計算，這是目前在香料專書中從未涉及的深度。

　　第一次接觸香料，可以優先參考其原產地的人們之日常運用和食材搭配方式，本書作者用心條列許多範例可供參考。另一點必須慎重納入考量：族裔口味與所處地域的風味問題，同一種香料對歐洲人來說可能是「美味」；對台灣人而言卻是「驚嚇」！例如：地中海區域的居民對黑種草的喜愛、印度人對小荳蔻的推崇、東南亞人愛在「菜尾」放入肉豆蔻等等……我相信喜歡香料的大家一定都曾經有過相同的經驗——放與不放，或是該放多少？作者於書中不但清楚條列世界各國食用香料的經驗，更提出建議用量，對剛入門的初學者有極大幫助。

　　香料是一門獨特、具有市場潛力，且值得畢生研究的領域，作者以各種淺顯易懂的方式帶領讀者進入她專研香料的魔法室：透過不同溫度、比例高低、新鮮與乾燥的差異，發揮香料之極致。隨著時間累積越多關於單方香料的知識，腦海中的編排組合就會越趨豐富，玩出屬於你的獨門配方！

　　關於香料、香草、草藥，乃至於本草經裡的中藥有什麼不同？我認為作者說得好「別在專業術語上過度糾結」，它們不都是植物的一部分嗎？不單在食物裡調香調味，加入調酒、糕點、麵點與調飲，成為專業中的佼佼者！

　　這本書，適合輕度、中度，與重度香料愛好者好好補腦！

香料譯述家/《辛香料風味學》作者

陳愛玲

目 錄

香料與食譜總表

前言
香料入藥

我已經被問過上百遍，每天都吃什麼保持健康？我想人們對於我的認知，大概伴隨著一大鍋冒著泡泡的藥汁、或是裝在碗裡的彩色膠囊、亦或是排列在我廚房桌上的大量茶色滴管瓶。當我告訴別人，我每天食用的藥物只有像是大蒜、肉桂、黑胡椒與羅勒這些東西，偶爾能察覺到對方的失望之情。他們以為或許能找到青春或永生的秘密，卻只發現了單純的香料。

但這大大低估了烹飪用香草與香料的威力。可口的東西怎麼可能拿來入藥？難道我們祖父母每天用於烹飪的食材，便是維持健康的基礎？

我們忘了一件事，人類的身體和香料與香草植物共同演化。這些香料和香草曾被用於替食物（通常不好吃的）增添風味、食物保存與文化傳統。對於「食物」與「藥物」的認知，往往不一定能明顯劃分。

如今人們對於乏味與重鹹加工食品的需求上升，使得烹飪香料較少被利用，然而能藉由香料實際預防與治療的病症，卻更為普遍。儘管這可能不是因果關係，我確實清楚地觀察到：我們需要藥用香料。

使問題複雜化的是，整體醫學、整合醫學，或草藥醫學往往費用昂貴，且無法普及大眾。草藥醫學曾是每日簡單的應用，如今成了裝入昂貴瓶罐、供社會上層階級使用的花俏產品。當市面上有許多好的公司與產品，草藥醫學不應該是昂貴或具排他性。事實上，越能品嚐、嗅聞、觸摸、研磨，與篩選所使用的草藥越好。隨著眾多科學證據支持使用香草與香料能為健康帶來益處，我在此呼籲希望更多人能夠每天使用藥用香料。

最後我想說的是，香料是屬於家庭、社區，與傳統文化的藥劑。於慶祝場合添加一小撮小荳蔻會讓人想起婚禮的喜悅；新鮮迷迭香的濃郁氣味給人優雅的感覺；當孩子們於熱巧克力灑上肉桂，他們的祖父母則可以將其加入晚餐，以維持心血管健康。

香料是我們最理想的藥劑。從過去到現在，它們是我的每日補品，也讓我替家人準備的食物帶來樂趣。我邀請你將飲食與香料結合，並享受其帶來促進健康的美味。

貝文·克萊爾（BEVIN CLARE）

第 **1** 章

我們與香料的連結

我們的感官能適應香料的風味、觸感與香氣。
綜觀全球，人們將香料用作食物調味料、藥
物，甚至視為珍貴的文化圖騰。儘管合成香料
工業的發展方興未艾，我們仍不停地重新將香
料用於食物調味與藥劑。

全球香料貿易

人類長期被香料誘惑，它們曾經比黃金貴重，也曾是野外傳說的主題與偉大社會的榮耀。它們曾煽動人類橫渡大海、發動戰爭，與尋找寶藏。世界上許多重要的商路是為了香料貿易而建——明確地說，即為將中東、印度、與中國等地區，與歐洲聯繫的商路。

查看歐洲地圖，你會發現香料貿易通路帶來的長遠影響。威尼斯成為船隻停泊的主要港口，載滿遠道而來的薑、肉桂，與黑胡椒等異國食材。荷蘭與英國爭相在世界上盛產香料的地區，建立殖民地與來往的貿易通道。在歐洲國家企圖殖民熱帶國家的數百年間，香料扮演著重要的角色——通常以鮮少的回饋向這些文明汲取利益，或引起傷害與暴力。確實，人類對於罕見香料的風味之渴望，一直都很強大，且經常具有毀滅性。

克里斯多福・哥倫布（Christopher Columbus）在尋找前往香料群島——如今的印尼，更有效率的路徑時，無意間發現北美洲。然而這片新大陸無法提供如亞洲、或甚至歐洲特有的豐富香料。從美洲傳入歐洲的香草與香料之中，最受歡迎的有香草、辣椒，與多香果（allspice）。

如今，美國是全球領銜的香料消費國，亞洲則是最大的生產地。有些香料如黑胡椒等，已經成為大型事業，其生產中心則由原產地遍及至世界各地。巴西種植了大量黑胡椒（原產於美洲）；薑（原產於亞洲）則被種植在熱帶地區。

歷經數個世紀唯一不變的，就是香料相對昂貴的價格。價格與種植難度有著密切的關係，最昂貴的香料莫過於著名的番紅花——其雌蕊柱頭，收成時需耗費極為密集的勞動力。每朵番紅花只有三根雌蕊柱頭，並以手工採收。接著，必須將每根細小的柱頭乾燥，以保存其顏色與風味。在採收與購買方面，第二昂貴的香料則是香草——蘭花科的一員，其種植與授粉的難度眾所周知。這些精巧植物的果實（香草莢）需要長時間成熟，並且在精確的時刻採收，需要密集培育與大量勞動人力。

如今，香料在世界各地廣為種植。多數的香料種植於熱帶地區，並大量銷往氣候較溫和的區域。儘管美國、歐盟國家，與日本為購買香草與香料的領導者，其香料產量在全球市場中的比例卻很少。隨著我們口味的全球化，在地方社區內建立香料多樣化的渴望與日俱增。無論經濟或發展狀態如何，世界上香料的購買與消費量有增加的趨勢，儼然已成為健康與烹飪層面，真正的全球化勢力。

全球各地的原生香料

北歐與歐亞大陸
小茴香/葛縷子 (Carum carvi)
芹菜籽 (Apium graveolens)
細香蔥 (Allium schoenoprasum)
辣根 (Armoracia rusticana)
杜松 (Juniperus communis)
薄荷 (Mentha spp.)
艾蒿 (Artemisia vulgaris)
南歐苦艾 (Artemisia abrotanum)

地中海地區
印度藏茴香 (Trachyspermum copticum)
大茴香 (Pimpinella anisum)
芝麻菜 (Eruca sativa)
芫荽/香菜 (Coriandrum sativum)
孜然 (Cuminum cyminum)
茴香 (Foeniculum vulgare)
牛膝草 (Hyssopus officinalis)
薰衣草 (Lavandula angustifolia)
香桃木 (Myrtus communis)
黑種草 (Nigella sativa)
牛至/奧勒岡 (Origanum vulgare)
香芹/巴西里 (Petroselinum crispum)
迷迭香 (Rosmarinus officinalis)
芸香 (Ruta graveolens)
番紅花 (Crocus sativus)
鼠尾草 (Salvia officinalis)
香薄荷 (Satureja hortensis)
鹽膚木 (Rhus coriaria)
百里香 (Thymus vulgaris)

美洲
多香果 (Pimenta dioica)
胭脂樹籽 (Bixa orellana)
可可豆 (Theobroma cacao)
辣椒 (Capsicum spp.)
土荊芥 (Chenopodium ambrosioides)
檸檬馬鞭草 (Lippia citriodora)
墨西哥胡椒葉 (Piper auritum)
甜萬壽菊 (Tagetes lucida)
金蓮花 (Tropaeolum majus)
美洲南瓜 (Cucurbita pepo)
紅甜椒 (Capsicum annuum)
粉紅胡椒 (Schinus terebinthifolius)
北美檫樹 (Sassafras albidum)
千日菊/金鈕釦/六神草 (Spilanthes acmella)
香草 (Vanilla planifolia)

非洲
天堂椒/非洲荳蔻 (Aframomum melegueta)
幾內亞胡椒 (Xylopia aethiopica)
芝麻 (Sesamum indicum)
羅望子 (Tamarindus indica)

東南亞

丁香 (Syzygium aromaticum)
畢澄茄 (Piper cubeba)
薑 (Zingiber officinale)
大高良薑 (Alpinia galanga)
馬蜂橙/泰國青檸 (Citrus hystrix)
檸檬草 (Cymbopogon citratus)
高良薑 (Kaempferia galanga)
萊姆 (Citrus aurantifolia)
假蓽拔 (Piper retrofractum)
肉荳蔻 (Myristica fragrans)
紫蘇 (Perilla frutescens)

南亞

羅勒 (Ocimum basilicum)
黑荳蔻 (Amomum subulatum)
黑孜然 (Bunium persicum)
黑胡椒 (Piper nigrum)
小荳蔻 (Elettaria cardamomum)
錫蘭肉桂 (Cinnamomum zeylanicum, C. verum)
咖哩葉 (Murraya koenigii)
蓽拔/長胡椒 (Piper longum)
薑黃 (Curcuma longa)

中東地區

杏仁 (Prunus dulcis)
阿魏 (Ferula assafoetida)
月桂葉 (Laurus nobilis)
黑芥末籽 (Brassica nigra)
蒔蘿籽 (Anethum graveolens)
葫蘆巴 (Trigonella foenum-graecum)
大蒜 (Allium sativum)
檸檬 (Citrus limon)
馬鬱蘭 (Majorana hortensis)
薄荷 (Mentha spp.)
洋蔥 (Allium cepa)
罌粟 (Papaver somniferum)
玫瑰 (Rosa spp.)
龍蒿 (Artemisia dracunculus)

東亞

中國肉桂 (Cinnamomum cassia)
薑 (Zingiber officinale)
高良薑 (Kaempferia galanga)
紫蘇 (Perilla frutescens)
花椒 (Zanthoxylum piperitum)
八角 (Illicium verum)
山葵 (Wasabia japonica)

認識香料植物

香料的風味或香氣受人類喜愛，對其母體植物的生存與健康而言，亦是不可或缺之物。我們所稱的香料，是由植物而來的芳香物質，除了能刺激味覺，還有許多其他功用。它們是植物溝通與防禦的一部份，也是世界上近親植物間的連結。

草藥學家利用「草藥」這個詞，廣義表示植物的藥用部位。當我們探討草藥與香料的烹飪應用，一般會認為香料是植物的種籽、花、樹皮、根、花苞、花粉，與果實，而葉片則稱為草藥。別在專業術語上過度糾結，它們都是植物的一部份，植株上任何風味集中的部位，我們都能採摘入藥。

我們亦能於同株植物不同的生長時期，獲取不同的香料。你可能知道，香菜和芫荽籽來自於同一種植物。我們採摘綠葉當作香菜使用，待其成熟結籽，便得到芫荽籽。採收植物也有最理想的時間，以獲取最佳風味。例如，香草需要長達九個月的成熟期，一旦植株變成金綠色，未成熟的果莢便會被摘下。有些香料品種多元，如肉桂，其風味、藥理性質，與價格有明顯差異，需考慮每種香料其特性與使用時機。有些香料乾燥狀態最佳，有些則是新鮮效果最好；有些需要前置作業或燻製，有些則要發酵。

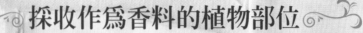

採收作為香料的植物部位

葉片與氣生部位

當歸（莖）	土荊芥	香芹
羅勒	茴香	迷迭香
月桂	葫蘆巴	鼠尾草
細葉香芹/山蘿蔔	檸檬草	北美檫樹
細香蔥（花葶）	馬鬱蘭	龍蒿
香菜	薄荷	百里香
蒔蘿	奧勒岡	

花

金盞花

洋甘菊

薰衣草

番紅花（雌蕊柱頭）

種籽與果莢

胭脂樹

小荳蔻

芹菜籽

黑孜然

葫蘆巴

芥末

罌粟

芝麻

八角

果實

多香果（漿果）

茴芹*

黑胡椒（漿果）

可可（果莢）

辣椒

小茴香 *

柑橘

芫荽籽

孜然*

蒔蘿

茴香*

杜松（漿果）

肉荳蔻種皮

肉荳蔻

鹽膚木（漿果）

香草（果莢）

*乾燥後的果實通常被稱作種籽

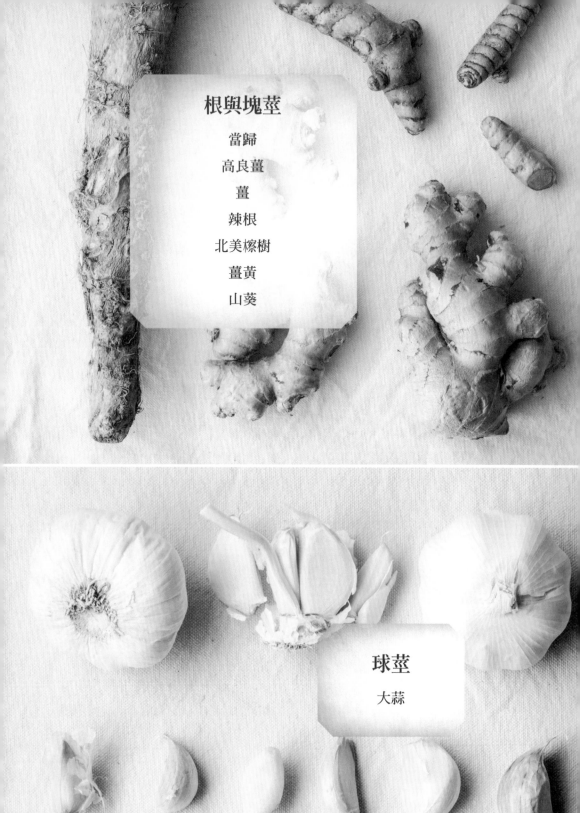

根與塊莖

當歸

高良薑

薑

辣根

北美檫樹

薑黃

山葵

球莖

大蒜

樹皮

肉桂

植物的家族

　　植物和所有生物體一樣，以基因相似度進行科學化的系統性分類。當我們談論植物時，通常意指某個特定物種。例如，我們說的薑，通常是指 *Zingiber officinale* 這個品種。相同的物種當中，有時候需要考慮變異或雜交種，例如薄荷家族。其他情況下，同一個屬會有數個香料品種，例如柑橘家族。

　　研究香料在植物家族的分類能帶來一些有趣的見解。同科的植物通常具有相同的植物化學與物理特性。觀察繖形科的植物（胡蘿蔔家族）會發現與西洋芹和芫荽相似的多葉特性；薄荷家族（唇形科）的薄荷、羅勒與鼠尾草其葉序皆依照十字對生方式排列。透過認識植物進一步瞭解香料，其之間的關係亦能應用於料理，如此能幫助我們預知香料的特性，以創造全新或獨特的產物。

胡蘿蔔家族
繖形科（APIACEAE）

印度藏茴香

當歸

茴芹

小茴香

芹菜

細葉香芹

芫荽籽/香菜

孜然

蒔蘿

茴香

香芹

薑家族
薑科（ZINGIBERACEAE）

小荳蔻

高良薑

薑

薑黃

薄荷家族
唇形科（LAMIACEAE）

羅勒

薰衣草

馬鬱蘭

薄荷

奧勒岡

迷迭香

鼠尾草

百里香

龍葵家族
茄科（SOLANACEAE）

甜椒

卡宴辣椒

辣椒

墨西哥辣椒

紅甜椒

月桂家族
樟科（LAURACEAE）

月桂

肉桂

北美檫樹

胡椒家族

胡椒科（PIPERACEAE）

黑胡椒

白胡椒

蔥蒜家族

蔥亞科（ALLIOIDEAE）

細香蔥

大蒜

柑橘家族

芸香科（RUTACEAE）

檸檬

柑橘

萊姆

雛菊家族

菊科（*ASTERACEAE*）

金盞花

洋甘菊

菊苣

龍蒿

芥末家族

十字花科（*BRASSICACEAE*）

辣根

芥末

山葵

豆類家族

豆科（*FABACEAE*）

葫蘆巴

甘草

第 **2** 章

藥用香料如何發揮作用

香料在人體健康中扮演著重要角色——被西方醫
學嚴重低估的角色。至少,長期以來香料對食
物保存極為重要,因其能抑制不良細菌與其他
病原體生長。更重要的是,香料提供了預防、
甚至逆轉諸多常見疾病的植物性化合物(簡稱
植化素)多樣性。

飲食中的香料

地中海飲食因其健康益處而長期受到推崇——歸功於優質脂肪、全穀類、新鮮魚類，與大量蔬果的攝取。其中被忽略的是，對新鮮與乾燥香草的大量依賴，例如在地中海地區的食物中，無所不在的茴香、香芹、百里香、奧勒岡，與黑種草。這些（和其他的）香料提供了豐富的抗氧化物、植物性化合物的多樣性，與廣泛的藥用特性。

我們越熟悉香料的藥用能力，便更能專注於透過香料維持健康的可能性。大量的證據支持，於食物中使用香料，能預防、甚至可能治療一些常見健康症狀，如心臟疾病、關節炎，甚至是癌症。數千年的文獻記載著經常攝取這些植物的安全性，亦強化透過香料治療疾病的可能性。基本上，植物來源的食物是非常安全的，以烹飪形式應用時，幾乎不可能吃下不安全的份量。

最棒的是：不同於一些我們知道為了健康應該去做、卻實在不想做的事情，食用香料是愉快、可負擔，且輕鬆的。我們有機會用香料填滿生活（與餐盤），並在其美味的藥效中找到樂趣。

植物性化合物的力量

香料是植物界中最複雜的一些成員。一株植物能有上百種具生物活性的相異化合物，對人類的健康與疾病有特定影響，當大量服用時，會發生各種驚人的協同作用（synergy）。植物性化合物的力量是由藥用植物的眾多化合物構成。儘管我們能瞭解單一特定化合物的作用，面對整株植物含有的全部化合物時，其之間的交互作用極端複雜，且有益於我們。

事實上，植物利用植物性化合物的力量，是為了進行物種間的溝通，並非讓人類享受。換言之，人類喜愛的香料氣味與風味，亦是植物其物種生存不可或缺之物。我們是受惠於這些植物的幸運兒，獲得了來自香料世界的芳香愉悅。在我們享受胡椒、大蒜、或是薑的風味時，產生的健康益處會遠超過碗裡的少許好處。

保護者——多酚

多酚是多數藥用香料的主要植物性化合物，由一大群結構多樣的化合物組成。你可能聽說過一些不同的亞型，包括類黃酮、異黃酮、黃酮醇、酚酸、香豆素、單寧，與木質素。

芳香植物，如迷迭香（此圖），是世界上
最健康的飲食之一部分。迷迭香為地中海
飲食顯著的健康益處帶來貢獻。

多酚最出名的便是在體內的抗氧化作用，而抗氧化作用是維持良好健康的關鍵。多酚能幫助細胞功能最佳化與細胞的維持，在減輕發炎反應亦扮演重要的角色。這些效果反應了香料與藥用植物其抗癌與保護神經系統之特性。

抗氧化物對於心血管疾病、第二型糖尿病、哮喘、免疫健康，與感染等涉及發炎的症狀有顯著影響。多酚不只存在於香料中，在植物世界也很常見，但草藥與香料含有相對較高的多酚含量，特別是酚酸和類黃酮。

復仇者──抗氧化物

我們都聽過抗氧化物對人體有益，但重要的是要瞭解食物中的抗氧化物其複雜性。餐盤裡的某種特定食物，可能有極大的抗氧化潛力，但不表示在體內會發生相同的事情。有些抗氧化物進入消化系統後，能夠倖存、甚至強化（效用增加），對體內的自由基與其他發炎物質產生直接影響。然而，其他的抗氧化物在消化過程中，會被破壞或轉化成對身體有截然不同作用的物質。

作為藥用植物，香料因其多樣的化學特性，能對身體產生諸多不同的影響。使用藥用香料需要注意的一點是，不一定要尋找植物直接抗發炎或抗氧化的能力，而是專注於植物如

何影響內部（體內）過程，與減輕身體發炎反應與氧化作用（破壞細胞）的能力。人類有充足的內部系統，能減輕發炎反應與緩和氧化作用，但我們的生活方式、飲食，與遺傳傾向，使得發炎反應成為今日幾乎所有慢性與退化性疾病的根源。藥用香料能提供刺激內部系統的必要工具與化學訊息，以降低發炎反應。

藥用香料的研究

許多針對影響群體或個人健康的飲食研究，並未將藥用香料納入考量。香料經常被視為調味的媒介，而非藥用物質。那麼，我們要如何得知香料對人體的特定作用，特別是與相似或重疊效果的食物混合之情況？

阻礙瞭解香草與香料如何對身體產生作用的主因，是基於研究烹飪用香料的經費匱乏。通常，經費的補助是針對主要健康流行病、急迫需求，或藥物研發等研究。香料因為無法申請專利或當作藥物販售，導致其獲利潛力與後續可用研究經費的短缺。然而企業能夠針對特定目標，研發所謂的「天然產品」，如減少牙菌斑生成的牙膏，或專為關節炎特製的配方。或者，他們可以分離出一種或多種單一成份，如來自大蒜的濃縮大蒜素。這些策略使企業得以用遠高於原料的

價格，將產品出售給消費者。

此外，植物因其眾多成份（含有上百種化合物）、化學多樣性，與種植地區、季節，及其他生物學層面等因素，導致研究十分困難。藥用香草與香料的使用具有高度季節性，視取得的原料為新鮮、乾燥、與豐富度而異，使得研究更為複雜。因此，我們實際上沒有大量多樣化或最高品質的人體實驗資料，可用於評估植物化學其季節或區域性對人體健康造成的影響。

我們能做的，就是研究藥用植物其化學性質，並觀察在人類、動物，或特定疾病時的作用。這類研究通常非常清晰和簡潔，因此能確切得知薑黃是如何影響個體，避免形成第二型糖尿病。然而，對於每天將薑黃加入咖哩食用的人，要瞭解其對個體之影響，是明顯更為複雜的。而我們收集與分析資料的方法，加上資金匱乏，導致這些重要問題的答案難以撥雲見日。經研究證實，我們知道經常食用香料有正面影響，但我們仍在學習這些作用發生的原因與方式。

全株植物健康

在幾乎所有的情況下，選擇完整的香料而非分離萃取物，是維持日常健康與幸福最好的方式。儘管研究單一成份比複雜的全株植物（先別管綜合香料！）更為容易，許多實例的證據，未必支持使用分離與濃縮成份，能勝過食用完整香料。

結果，我們得到了大量分離成份的研究、專利產品，與類似藥物的物質——卻僅有少數研究探討，長期於飲食中攝取全株藥用香草與香料。

天然與完整型態的香料是美味且活躍的。直接食用能排除探討植物如何作用的科學臆測，與避免嘗試去萃取其益處，以製作「更好」的物質。天然與完整的香料能為健康提供諸多好處，這些好處在分離成份的過程便可能流失。若全株植物可能有助於解決高膽固醇或高血壓，只萃取其有益於循環作用的特定成份是沒有意義的。

香料與疾病的預防

我們對於香料的運用往往基於烹飪需求、傳統，與習慣，並非為了預防特定疾病而針對性食用。儘管有些文明的一般民眾會大量食用某種香料，如大蒜，卻幾乎不可能將它與共同攝入的食物分離，如橄欖油或全穀類，並透過資料分析其單一效用。人類無法單靠香料過活的事實，使我們更難理解烹飪中的香料劑量，會帶來什麼實際影響。

香料天然的複雜特性，導致針對其實際劑量
與食物型態的研究難以進行。所幸，人體與
植物有著長時間的連結，深知如何以有益的
方式運用植物。

然而，我們能在有限時間內，攝取濃縮的單方香料以進行研究。幾乎所有的香料研究都著重於有限時間內，攝取一般至高劑量所造成的影響。透過這項研究不難加以推斷，以低劑量或低頻率攝取香料可能產生的影響。由於我們經常將香料與其他藥用香料混合使用，微小的影響便可能因持續攝取這些美味的藥用珍品而被放大。

　　探討藥用香料如何影響人體健康的研究，通常分為四類：體外研究、動物研究、人體臨床試驗，與群體研究。

體外研究

　　體外研究又稱「試管研究」，通常需要將香料、或由特定香料分離的單一成份，用於一個特定人類細胞或細胞群。這些研究具高成本效益與高效率，但忽略了現實生活中出現的諸多因素，例如消化作用對香料的影響，及香料以何種型態通過身體。此外，這些研究中的香料濃度遠高於正常飲食的攝取量。最後，體外研究通常是使用由藥用香料分離出來的單一成份。香料由上百種相異成份構成，只考慮單一成份可能過於武斷，或至少過度人為操作。這可能也會明顯影響該植物的藥用效果，例如，某種香料可能含有一種生物活性不高的藥用成份，同時帶有少數原料能提升其他成份的生物活性。因此，整體的香料之藥效會比任何分離的成份更具活性。

動物研究

　　進行動物研究的前提是其他物種（特指小鼠），其生理條件需夠接近人類，使我們得以透過干預實驗探討香料對健康與疾病的影響。除了研究香料潛在的毒理學領域，動物研究的倫理層面更是攸關到這些物質，能否安全地用於人類研究。儘管有動物研究模式能夠不傷害動物，可惜這是少見的例外。此外在動物研究中，以人為方式管理香料攝取，如腹膜腔注射，而非透過飲食攝取，存在著適用性與道德方面的疑慮。

人體臨床試驗

　　人體研究，特別是雙盲安慰劑對照（double-blind placebo-controlled）隨機臨床試驗，被認為是探討人類健康與疾病特定干預手段的黃金標準。這些研究可以用其他因素加以控制，並使用各種周詳的資料收集工具，讓我們得以儘可能地瞭解特定的干預手段。儘管人體臨床試驗十分昂貴，卻讓我們更加清楚地認識，某種特定香料，以特定劑量、特定配製方式，對健康或疾病的特定方面，可能造成的影響。然而這些試驗無法判斷長期攝取一種或多種香料的全面普遍影響。

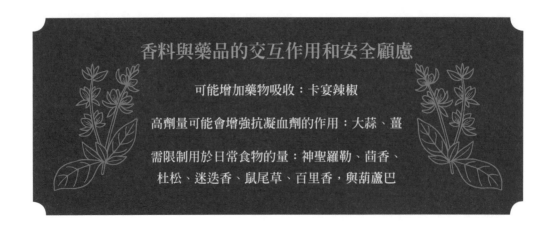

香料與藥品的交互作用和安全顧慮

可能增加藥物吸收：卡宴辣椒

高劑量可能會增強抗凝血劑的作用：大蒜、薑

需限制用於日常食物的量：神聖羅勒、茴香、
杜松、迷迭香、鼠尾草、百里香，與葫蘆巴

群體研究

這些研究傾向調查單一群體，通常具有共同生活方式或飲食特徵的特定族群。例如，一項研究可能會觀察在某個特定地理區域、攝取特定飲食的年長群體，並與不同飲食的群體相比較。儘管有可能控制影響資料的各種變因，如社會經濟地位或種族，我們最希望的是藉由這種資料來證明其相關性。此相關性或許足以說服我們攝取香料，但仍缺乏臨床試驗所能提供的明確性。也就是說，群體研究中的香料使用狀況，更能代表其在現實生活中被應用於每日膳食製備的情況。

安全指南

香料是極為安全的。數千年的歷史讓我們得以從全世界的資料，證實香料用於烹飪的安全性。大多數香料的烹飪用量相當少，我認為其更像濃縮食物，而非藥品。香料的複雜度與多方用途，加上與人類共同演化的特性，使其能在不造成任何重大健康風險的情況下，為人體提供諸多益處。

香料與藥物的交互作用

當然，考慮香料與藥物交互作用的安全預防措施是必要的。全球各地將香料用於日常烹飪的人，也同時在服用各類藥物。試想印度次大陸地區幾乎每餐必備、充滿濃縮香料的辛辣咖哩。這樣的作法不見得能證實其安全性，但確實顯示人類對於同時使用香料與藥物的高度適應性。在某些狀況下，同時使用兩者甚至可能帶來好處。以天然型態使用香料時，能大幅減少交互作用的產生或安全疑慮。例如，薑黃素表現出具有和數種藥物產生交互作用的可能性。然而，此可能

性並未擴及至擁有各種成份的薑黃，並且在全植物的多因子作用下，或許不會產生相同的單向活動。

香料和其他草藥一樣，受到的規範不如藥物嚴格。代表著香料在進入市場時，往往不用接受與藥物相同的安全性與毒性分析。由於香料是整體與天然的物質，比起藥物更近似食物。使用藥用香料時，若能遵守幾項簡單的規則，在嚴謹的測試中這樣的差異是無傷大雅的。針對未懷孕的健康成年人或是孩童，書中的任何香料在合理劑量下食用，都是合乎安全規範的。

需要關注的層面

使用藥用香料時，若偏離傳統飲食應用，或有其他健康顧慮，在特定方面可能會出現問題。首先要注意的是，將藥用香料用於食物以外的製備形式，特別是膠囊或藥錠等，無法嚐到其味道的方式。

多數的香料都有強烈的風味，在我們能忍受的合理範圍內。通常，我們能接受的味道上限，與那些香料植物中不該被大量攝取的強烈化學物質有關。例如，香芹家族的種籽——孜然、芫荽

籽、八角，與茴香，風味都非常強烈，要攝取造成問題的劑量是很困難的。然而，若將同樣的香料濃縮成膠囊的形式，便無法感受到其風味，如此就有可能攝取超出安全範圍的劑量。這些香料的非安全劑量都很高，最可能產生的副作用就是胃痛或噁心。

第二個要注意的方面，包括腎臟功能受損、或正在進行濃度範圍狹窄（narrow therapeutic range）之藥物療程的人。在這些情況下，將大量香料加入清淡的飲食，可能會改變某些藥物的新陳代謝；或是，對腎臟功能衰退的人而言，香料可能是輕微的刺激物。針對腎臟功能衰退的情況，不需要立即避免或限制飲食中的藥用香料；然而，建議至少在剛開始攝取的期間，進行定期監測。正在進行濃度範圍狹窄之藥物療程的患者，如抗癲癇或免疫抑制藥物，應再三考慮被推薦長期使用的任何香料。

另一種可能的交互作用，發生在抗凝血藥物與大蒜和薑等香料之間。然而，在適當的監控下，於飲食中規律且合理地使用這兩種香料，應該是沒問題的。

香料如何創造風味

你是否曾想過，為什麼有些香料很溫和，有些卻會灼傷舌頭？或是，為什麼某些特定香料的氣味會瀰漫整個屋子？香草與香料其芳香美味的特性是迷人的化學作用。

對麥克・提姆斯（Michael Tims）博士而言，香料的秘密在於植物的語言。提姆斯博士很幸運地在世界各地長大——泰國、香港、德國、羅馬尼亞，與希臘，並接觸到各文化的烹飪傳統。他最深刻的回憶部分來自於食物、風味，與香氣。他記得小時候與母親一同煮秋葵時，發現香草與香料的組合，能創造出味覺和嗅覺的複雜性，整體的特性會優於各部分加總。

身為馬里蘭綜合健康大學的一員，提姆斯博士經常思考，藥用植物如何生成使其芳香的物質。我們曾坐下來討論人類如何藉由香氣和風味，來體驗香草與香料。提姆斯說，我們的嗅覺會被負責氣味的分子特性所影響。讓我們聞到這些分子的關鍵要素包括：分子的揮發速度（變成可由空氣傳播）、對水或油的溶解度，以及食物的酸度。個人遺傳特性亦會影響嗅覺感知。

我們能聞到的分子被稱作「香味」或「氣味」。這些分子必須到達位於鼻子上方的嗅覺系統，為了做到這點，其分子量必須非常輕。我們的鼻腔通道中有受體，會被這些分子誘發。每個嗅覺受體能辨識一種以上的氣味；每種氣味則能被數個不同的嗅覺受體偵測。我們知道分子的形狀也很重要，當分子與嗅覺受體結合時，受體會改變形狀，並發送神經訊號至腦部。

有許多理論探討，風味與氣味的感知是如何以分子層面運作。分子的形狀、震動特性、電荷（極性），以及與受體結合的緊密程度皆會影響氣味的強度。

短尾鏈與長尾鏈

那麼，我們以香草香甜渾厚的氣味與月桂葉辛辣刺鼻的氣味作比較。

由基本結構開始，香草醛（vanillin）賦予香草代表性的香甜、芬芳，與木質氣味。其分子量相對較小、容易揮發，烹煮時氣味會瀰漫整個空間。月桂的香氣來自丁香酚（eugenol）。將香草醛與月桂相比很有趣，因為月桂中的丁香酚與香草醛帶有相同的基本結構，但丁香酚具有一條富含碳氫化合物的短尾鏈，使其氣味較香草醛更為濃烈。這兩種分子的結構相似，但丁香酚的氣味閾值（threshold）低於香草醛，代表更容易能聞到其氣味，且需要的量更少。與香草醛相比，丁香酚的碳氫化合物短尾鏈與氣味受體能更緊密地結合，如此說明了為何香草醛的氣味不如月桂葉持久。

薑酮（Zingerone，存在於薑與芥末油中）具有一條甚至更長的碳氫化合物尾鏈，與香草醛的基礎結構連接，使其不溶於水。薑酮帶來渾厚、香甜、溫暖，與木質香氣。然而尾鏈的羰基意味著薑酮分子經常會互相吸引，避免其揮發。若不揮發，便無法進入空氣，因此薑的氣味較無法和香草一樣，能迅速瀰漫整個空間。

探討一個更重的分子，如卡宴辣椒中的辣椒素（capsaicin），同樣具有一條富含碳氫化合物的長尾鏈。辣椒素尾鏈的尺寸限制了該分子的揮發性，意味著它不太可能進入空氣；這便是卡宴辣椒之所以味道濃郁，氣味卻不對等的原因之一。我們無法總是在食物入口前，聞出味道有多辣！待下次烹飪香氣溢滿鼻間時，你或許會思考那些美妙氣味背後的分子形狀與特色。

1.

CH—［苯環］—CH₂

OCH₃

2.

CH—［苯環］—CHO

OCH₃

---

1. 丁香酚分子
2. 香草醛分子

懷孕期間

懷孕期間使用藥用香料，會需要考慮一系列新的狀況。通常，以食物為基礎攝取香料，在懷孕期間是絕對安全的。然而，許多香料應避免攝取超過一般食物範圍的藥用劑量。當懷孕的女性於飲食中攝取藥用香料時，其強烈的風味通常會自然形成門檻，避免過量攝取。大自然在某種程度上，設立了安全準則，前提是能品嚐到食物的風味。意味著，許多香料在一般烹飪用量下，是安全且適合孕婦使用的，但應避免大量濃縮的劑量，包括薑黃、神聖羅勒、茴香、杜松、迷迭香、鼠尾草、百里香，與葫蘆巴。

在多數的情況下，考量到安全性的簡單解決辦法，便是以飲食劑量攝取各種不同的藥用香料。透過選擇多樣的香料，而非使用較高劑量的單方香料，你會發現，不需要以高劑量攝取任何的香料，亦能將安全性顧慮降至最低。卡宴辣椒或辣椒，可能是個例外，因為即使微量的辣椒亦會增加藥物吸收。請記住，無論是否有像卡宴辣椒這樣的香料，對於一般大眾而言，每個人對於藥物吸收的差異性都是很大的。

香料的協同作用

當草藥學家談到協同作用，指的是於配方中使用一種以上的植物，而產生的複合藥物作用。協同作用是藉由兩種或多種物質交互作用或合作，產生大於其各別作用加總的聯合效應。我們經常在食物中感受到這一點，將食物組合能創造出截然不同的風味與質地。試想吃一塊麵包、一碗蕃茄醬，和一些起司聽起來不是特別讓人興奮——那麼來份披薩怎麼樣！

幾乎世界上所有的文化都有將香料混合的長遠歷史。常見的烹飪用綜合香料——如薑和蒜、或是香芹和鼠尾草，充滿活力，且通常比單一食材更美味。這不代表單方香料無法使食物更美味——我一直這麼做。然而，當你將香料在盤內混合時，提升健康的可能性也更大。

若使用風味欠佳、但藥用效果良好的香料，協同作用的概念亦能提供一些幫助。例如，芹菜籽對於治療痛風的尿酸堆積十分有效。我確定有一些芹菜籽愛好者存在，但多數人會覺得難以大量攝取。可能的解決辦法是將芹菜籽與其他滋補腎臟的香料結合，如香芹和鼠尾草；或和芹菜籽有類似化學組成的香料結合，如大茴香、茴香，或芫荽籽。

煮還是不煮

有一些因素會增加或減少香料的藥用效果，烹煮與否便是一個大問題。讓我先聲明，藥用香料最好的使用方法，就是單純依照自己喜愛的方式應用。不用想太多，大量地使用就對了。

意味著，香料的烹煮與否，需要考慮到植物本身。有些植物生來適合生食，如羅勒、薄荷、蒔蘿、香菜，與細香蔥等新鮮柔軟的香草，從花園直接採食就很美味；其他新鮮香草，如百里香、迷迭香，與鼠尾草；以及質地較粗糙的根與塊莖，如薑和薑黃，烹煮能增加其生體可用率（bioavailability），並改善食物的質地。

至於乾燥香草是否要烹煮，則取決於製備方式。有些香草與香料特別堅韌，如月桂葉和迷迭香，應該要加以烹煮，甚至於食用前取出（食用這些香料沒有危險，但無法輕易消化）。細緻研磨或粉狀的香料可用於食譜，或灑在食物上作為調味料。任何濕潤的烹調法都會增加香料中多酚的可利用性，包括煮湯、燉菜、砂鍋、蒸煮，與炒。乾燥加熱的烹調法，如煎或烤，往往會降低生體可用率，但即便這些烹調法的多酚濃度沒那麼高，依然是獲得香料益處的健康方法。

針對不常下廚或食用現成加熱食品的人，將綜合香料灑在食物上，是每天獲取香料藥效的美味簡單方法。我在廚房檯面放了一個裝滿「每日萬用綜合香料」（頁116）的調味罐。好消息是，無論是否烹煮香草與香料，消化作用亦會增加其抗氧化效果。我喜歡人類與植物共同合作！

第 3 章

創造你的香料處方籤

本章節列舉了十九種促進健康的香料，作爲打造香料處方籤的基礎。這些被世界各地文明使用了數個世紀的香料不僅美味、容易取得、用途多樣、方便購買，亦有臨床數據支持其健康益處。或許你會想將其他上百種香料加入自己的處方籤，但運用此處介紹的香料是個好的開始。

新鮮香料與乾燥香料

香料可以使用新鮮或乾燥的，有時候其一類型會較為普遍。在世界上盛產香料的地區，可能有機會將新鮮胡椒粒入菜；或有幸利用薑黃的鮮黃色汁液。乾燥的香料提供了便利性與較長的保存期限，使得將香料長年保存於手邊，以便加入日常食譜這件事變得更容易。

新鮮香料

新鮮香草與香料可以在食品雜貨店或農夫市集找到——亦可在不同季節，從自家花園收成。一小塊土地或是一排花盆便能供應大量美妙的香草與香料。世界上幾乎任何區域都能種植至少10-15種烹飪用香草與香料，其中有些甚至在溫帶區域亦能終年收成。我曾經為了剪取一些迷迭香或百里香除雪，在冬天的花園收成香草是件樂事。若能取得新鮮香草，可以學著將其大量納入日常飲食。有眾多方式可以將常見的新鮮香草，如羅勒、香芹、香菜、薑，與迷迭香，加入每一餐。

粉狀與切碎過篩

乾燥香料通常以粉狀、或是稱作「切碎過篩」的碎片呈現。一般來說，來自根、樹皮，與種籽等較堅硬部位的香料會以粉末形式出售——如肉桂、薑、薑黃，與芥末。這些香料亦可購買新鮮的，以浸漬、碾碎，或磨碎等方式使用。葉片香料通常會切碎並過篩，如此便能簡便地與食物混合，加上此型態的保存期限會比粉狀更久。購買植物嬌嫩部分（葉片或花朵）的粉末要小心謹慎，由於表面積的增加，只能以短時間保存。

選購

若要尋找較不常見的香料或大量採購，會需要仰賴香草香料供應商或香料批發市場（我曾在印度或亞洲雜貨店獲得好運）。另一個購買香料的絕佳場所，可以是當地的健康食品店，裡頭的大桶子可以依需求秤重購買。一旦開始使用香草和香料下廚，你會發現連鎖超市販售的小罐標準份量根本不夠，因此大量購買最常用的香料是值得的。至於不常用或用量少的香料，如小荳蔻、卡宴辣椒、丁香、芥末，與肉荳蔻，少量購買是沒問題的。

網路購物

香料可以透過網路向各種零售商購買，其價格與品質會有極大的差異。為了確保品質，請和聲譽佳的供應商購買（見「購買資訊」，頁156）。一位品質好的供應商會在網站上提供各式香料的明確資訊，包括屬和種，以及種植條件與來源。獲得充足資訊，以確切地瞭解購買的產品。

迷迭香
切碎過篩（上）
與 粉狀（下）

若想找綜合香料，可針對欲製作的料理種類尋求專業建議。例如，印度咖哩可以由數百種不同的配方製成。若和印度香料供應商採購，或許會獲得更道地或獨特的綜合香料。若要尋找摩洛哥綜合香料（Ras el Hanout），你會希望找到能提供品質最好與最新鮮之綜合香料的專業香料供應商。

品質與新鮮度

香料的品質差異可以很大，瞭解如何選擇是十分困難的，尤其是不能打開包裝聞或品嚐。對多數的香料而言，品質的首要考量是新鮮度。（某些情況如番紅花等罕見香料，會有摻假與真實性的顧慮。）針對葉片香料，應判斷其顏色鮮豔程度。乾燥的葉片香料，特別是香芹與蒔蘿，通常無法長期保持新鮮。將罐子或包裝袋翻轉，會看到最上層暴露於光線下的部分已褪色泛白。若整體呈現飽和與明亮的色澤，即為新鮮的象徵。

比起完整的香料，粉狀香料的保鮮期通常較短，但短暫的保存期限需與便利性相權衡。若每次想使用小荳蔻都必須自己研磨，或許我便不會經常使用。另一方面，儘可能選擇完整的香料，用研缽和杵碾碎或磨成粉會帶來更優質的產物——並且是一種感官上的愉悅。

在選擇辣椒、肉桂，或黑胡椒等種類繁多的香料時，其差異性主要在於風味和香氣。然而，若針對特定的健康狀況，則需要考慮不同屬和種的肉桂（頁53）與辣椒種類（頁49）之間的療效差異。

儲存

乾燥香料需要避免空氣、光線與熱源。廚房中擺放著光線穿透的美麗香料罐，提供了藥用與烹飪特性非理想的保存條件。透過兩個簡單的方法，能將乾燥香料以最理想的狀態儲存。第一種：將香料裝入玻璃或金屬罐，再放入食品儲藏櫃。市面上有各種架子、收納盒，甚至是磁鐵皆針對此方法設計。這個方法的挑戰在於，就隨手想取用的份量而言，標準容量的罐子似乎過小；而較大的罐子會佔據許多架上的空間。

第二種，也是我比較喜歡的方法：將多數香料裝入厚的牢固夾鏈袋。有些粉狀香料，尤其是薑黃，儲存於玻璃罐或是香料公司所使用、較牢固的厚透明塑膠袋尤佳。亦或，有些大量香料會以鋁箔袋販售，這些袋子可以重複使用。袋裝香料佔據的空間遠比瓶罐來得小，在保存與整理方面也運用得當。我有一系列八個用來裝香料的迷人小箱子，依字母排列整齊地放在架上。你可能未曾注意，但許多香料的名字開頭都

是英文的前幾個字母。我的八個箱子內，有一半裝著開頭字母為A、B、C的香料！

若有空間，將多數的香料放入冷藏或冷凍能儲存更久、更保鮮，特別是由葉片和花朵製成的部分。也就是說，許多香料能保存非常久，特別是由根、種籽與樹皮製成的種類。我記得曾在祖母的香料櫃，翻找存放於小的硬紙盒中、至少四十年的香料，仍帶有香氣與可辨識的風味——然而，為了健康與料理，我還是會建議使用更新鮮的食材！

儲存新鮮香草可能會有一點棘手。理想的狀態，會希望在新鮮香草腐壞前儘快使用。為了使葉片類香草保持新鮮，可將莖的切口處浸入一小杯水，並放入冷藏——只要少量水即可，避免葉片接觸到水。羅勒、薄荷、香芹、蒔蘿，與香菜皆適用此方法，然而重要的是要每天換水。或者，可以用一小張沾濕的廚房紙巾或濕布包覆莖的末端，並裝入塑膠袋以冷藏保存——要小心避免碰傷嬌嫩的羅勒或薄荷。

質地較堅韌的香草，如鼠尾草、百里香、月桂，與迷迭香，需要較少的水量以保持最佳狀態，可以自由選擇是否裝入塑膠袋，並放入冰箱的保鮮抽屜。若新鮮香草變黏稠或發臭就丟棄；倘若只是在冰箱內乾掉了，便沒有理由不能當作乾燥香草使用。

薑黃或薑等新鮮塊莖，往往能比植物的葉片儲存更久。薑可以於冷藏保存數週；若切口處稍微發霉，可以將其切除，並繼續使用剩餘的部位。

每日劑量

那麼，每天需要攝取多少香料呢？啟發我寫這本書的主要原因之一，便是人們（包括醫療人員）不清楚將香料用於烹飪時，有益於健康的每日劑量為何。或許你曾聽聞應攝取2公克薑黃，便出門買了薑黃的藥丸服用。書中介紹的十九種香料，皆提供其臨床建議的簡單每日劑量，並以烹飪計量（如茶匙）與公制重量（公克）表示。

瞭解適當的劑量能讓你以更能負擔，且更容易取得的方式使用香料。儘管臨床研究與營養補充品皆以公克計量，但在廚房裡很難知道4公克大蒜的樣子。此處兩者兼具，使你得以瞭解並透過香料維持健康。

薑　　　鼠尾草　　　大蒜　　　金盞花

肉桂

孜然

芥末　　　薰衣草

迷迭香

茴香

薄荷

香芹

神聖羅勒　　　黑胡椒

芹菜籽

百里香

薑黃

小荳蔻　　　辣椒

十九種日常香料

要收集世界各地用於食物與藥物的所有香料幾乎是不可能的，人們已經習慣使用地區性可取得的香料。在更近期的人類史當中，我們獲得上百種香料與上千種綜合香料，每一種都有其特有的藥效作用。

我將所有香料罐內的東西視為香料。儘管我們通常將植物的葉片稱作「香草」，我用「香料」這個名稱探討植物被採集作為藥用的部位。本書探討的十九種香料都很美味且容易找到，並經證實其健康效益。在實際運用上，這些香料皆符合以下五個條件：

- 可於商店與網路零售商廣泛取得
- 經濟上可負擔
- 被廣泛使用於世界各地的料理
- 被當作藥物使用已有悠久的歷史
- 以高品質的人類臨床研究提出具有健康效益的科學證據

黑胡椒

PIPER NIGRUM

每日劑量：
¼ 茶匙（1公克）粉末

黑胡椒是如此地常見，以致於幾乎被忽略是一種療癒香料。它出現在世界各地的餐桌，並具備提味與增添刺激性的能力。儘管現成胡椒粉被廣泛使用，與新鮮現磨黑胡椒的香氣與誘人風味相比，其味道更顯平淡。

烹調時，可以考慮將黑胡椒加入濃郁或豐盛的餐點，能增添菜餚中的其他風味，並有助於消化；亦可以輕易地將其碾碎灑在盤內的食物上。當其他香料需要藉由烹飪的熱度帶出風味、與增加生體可用率，黑胡椒則可以直接加入餐點。

在藥用層面，黑胡椒被用於增強消化力、以及其他藥用植物與其礦物組成之生體可用率。將某些食物的維生素與礦物質提取出來可以是件棘手的事，特別是具有任何消化功能障礙或發炎的時候。黑胡椒可能有助於身體從攝入的健康食物中，獲取其所需。

例如，若想要使鈣離子吸收最大化，黑胡椒能幫助身體，將綠色蔬菜與乳製品中的礦物質吸收至骨骼。一個有名的例子是，同時攝取黑胡椒與薑黃，能增加薑黃中薑黃素的生體可用率。將少量胡椒加入任何烹調的鹹食料理，並非是不好的經驗法則。黑胡椒亦適用於一些具有香料風味的甜食，帶來有別於肉桂或丁香的刺激，如印度香料奶茶，黑胡椒就是其重要原料。

黑胡椒綜合香料

- 每日萬用綜合香料
- 茴香杜卡綜合香料
- 綠色精華綜合香料
- 胡椒協同作用綜合香料
- 派餅回憶綜合香料
- 溫暖消化綜合香料

黑胡椒食譜

- 肉桂蘋果燕麥餅乾
- 肉桂香料果凍
- 舒適的糖漬水果
- 杜卡香料烤蔬菜
- 綠色精華沙拉醬
- 心臟協同作用乳脂軟糖
- 草本醬汁
- 無酒精血腥瑪麗
- 辛辣奇蹟薑餅

不叫胡椒的胡椒

許多被認為是椒類的香料都與辣椒沒有關係，如黑胡椒、白胡椒、綠胡椒，與紅胡椒。（粉紅胡椒嚴格來說不是胡椒，是秘魯胡椒木〔*Schinus molle*〕的乾燥漿果。）黑胡椒也有許多不同種類——如產自印度城市塔拉塞里（Thalassery）的黑胡椒。就你的香料處方箋而言，任何種類的黑胡椒都適合作為藥用。

全球各地的香料：奈及利亞

魯巴語稱作「Efinrin」。常見別名之一為「丁香羅勒」，有趣的是其同樣含有丁香酚——大量存在於丁香的物質。可新鮮或乾燥使用，其獨特化學性質，帶有異於許多其他同屬羅勒的風味。

苦葉（*Vernonia amygdalina*，扁桃斑鳩菊）介於香草與蔬菜之間，用於製作受歡迎的湯、燉菜，或是名為「苦葉湯」（ofe onugbu）的醬汁。此葉片名符其實，非常的苦，典型的製備方式是在搓揉時沖水，以降低一些苦味，再做成燉菜。在植物學方面，屬於菊科/紫菀屬，如同紫花馬蘭菊、金盞花，與洋甘菊等諸多藥用植物。這個龐大的植物家族包含許多可作為食物與藥物的成員，但幾乎沒有香料（龍蒿例外！），使得苦葉更令人感興趣。

馮克·科勒索（FUNKE KOLEO-SHO）是一位獲獎食譜作家兼美食部落客，她以充滿啓發性與美味的食譜擁護新奈及利亞料理；亦是將傳統奈及利亞香料結合，並應用在烹飪與藥物的知識代表。

根據馮克所言，食物在奈及利亞文化中被視為藥物。當某些香草與香料被當作藥物製成茶和酊劑之時，其他香料（如薑、大蒜、薑黃，與羅勒）被加入湯、燉菜與粥，用於治療常見疾病，則已有數千年之久。馮克表示，奈及利亞料理中最常用的藥用香草包括羅勒、細香蔥、檸檬草、薑黃、大蒜、薑與丁香。不過亦有許多較鮮為人知卻同等有益的香料。

塞利姆種籽（熟知為kani pepper）在中非是常見的香料兼藥物。屬於番荔枝科（Annonaceae family，與刺果番荔枝、釋迦、泡泡樹同科），是一種大型常綠埃塞俄比亞木瓣樹（*Xylopia aethiopica*）的果實。乾燥果實的麝香氣味被人們比作黑胡椒。

美羅勒（*Ocimum gratissimum*）原產於非洲，與其他的羅勒同屬，約

非洲肉荳蔻（又稱卡拉巴什肉荳蔻、牙買加肉荳蔻）是非洲肉荳蔻樹（*Monodora myristica*，同樣屬於番荔枝科）果實中的種籽。在奴隸貿易盛行的年代，此樹種以種籽的型態被運送到西印度群島。其種籽與肉荳蔻類似（可與肉荳蔻替換使用），但有更多藥物層面應用。

馮克的黑湯

這道以羅勒和辣椒醬為基底的藥膳湯，適合新手媽媽與大病初癒的人飲用。可依照個人喜好調整食材比例。

1 根小辣椒，去籽切碎
（自由增減用量）

2 顆中型洋蔥

2 顆中型番茄

6 瓣大蒜

1 茶匙新鮮薑末

1 大匙棕櫚油

1 杯裝滿新鮮羅勒葉

2 杯煮熟雞肉塊

4 杯雞高湯

鹽

1. 將辣椒、洋蔥、番茄、大蒜與薑放入攪拌機，攪打至滑順。取大型平底深鍋加熱棕櫚油，加入辣椒等食材，以中小火煮。

2. 同時，將羅勒葉放入攪拌機，攪打至滑順糊狀。置於一旁備用。

3. 將雞肉和雞高湯加入鍋中。上蓋燜煮，經常攪拌，待醬汁收乾至一半體積。加鹽調味。拌入羅勒糊，再燜煮**3**分鐘。趁熱上菜。

金盞花

CALENDULA OFFICINALIS

每日劑量：

2茶匙（0.5－1公克）新鮮花瓣

金盞花可能不會出現在你的香料櫃裡，但它在草藥醫學中被廣泛應用。其鮮豔的橘黃色花瓣帶有輕微苦味和鹹味，能替料理增添美麗的明亮色澤、與強大的藥用益處。金盞花治癒受損組織的能力，在我最喜愛的香草與香料名單中名列前茅。儘管在草藥醫學中有許多外部應用，其組織癒合特性十分適用於消化道症狀。

金盞花在世界上的許多地方有著重大的文化意義。在希臘與羅馬時期常被用於各種儀式與慣例；同時與近親萬壽菊屬中的另一種萬壽菊，在拉丁美洲和南美洲國家的許多儀式與傳統，如亡靈節，亦扮演著重要角色。我曾經參觀一個位於智利南部的墓園，其中每個墓穴都被改造成種植金盞花的花床，證明了此植物重要的文化意涵。

若使用的是乾燥金盞花或花瓣，最好的方式是完整地使用，因為研磨後品質會迅速降低。即便是完整的乾燥金盞花，其活性在1-2年內便會開始流失。若花園裡有新鮮的金盞花，可以將花瓣大量用於沙拉，亦可製成帶有美妙陽光色澤的浸漬油。若有種植金盞花，可以每天摘下花朵，將花瓣放入一罐橄欖油，使其浸漬整個種植季節。明亮色澤的油脂可以作為藥用，並當作醃料和沙拉醬的基底。此浸漬油對於任何欲加入的美味香草而言，都是既美觀又強效的抗氧化物基底。

你可以將乾燥的金盞花用於烹調，如同使用乾燥百里香或迷迭香的方式，於使用前再研磨或切碎。乾燥花瓣可以加入湯或燉菜，其風味可口且溫和。

金盞花綜合香料
- 綠色精華綜合香料

金盞花食譜
- 綠色精華沙拉醬

小荳蔲

ELETTARIA CARDAMOMUM

每日劑量：
¼茶匙（0.8公克）粉末

你會在各種傳統綜合香料中發現小荳蔲，特別是印度料理。若你喝過印度香料奶茶，便可能曾經於杯中看過小荳蔲；其在中東地區亦是咖啡中廣受歡迎的調味料。

此香料原產於印度和斯里蘭卡，是薑科植物的成員。或許你能聞出兩者之間的幾分相似處？在植物學裡，小荳蔲植株的古怪花朵與果莢可能會令你大吃一驚。不同於薑和薑黃在綠色花梗上綻放出醒目花朵，小荳蔲植株會沿著地面蔓生出細小的枝條，而上方謙遜的花朵最終會轉為成熟的果莢。小荳蔲因其生長速度緩慢與珍貴稀少的果莢，使其成為世界上最昂貴的香料之一。採購小荳蔲時，粉末或許很吸引人，但其品質會迅速降低，且一旦磨成粉後，保存期限將少於一年。最好是購買完整的果莢，待準備使用時，再用攪拌器或研缽及杵研磨。

小荳蔲帶有香甜與溫和的綜合辛辣風味，然而甫乾燥的小荳蔲，其氣味很容易過於強烈。我曾在旅行時購買了一大袋小荳蔲，即便已經將其密封、裝入半打的袋子，晚上還是得放入櫃子，以免被氣味淹沒！小荳蔲是一種對消化良好的草藥，覺得薑太辣或是薑黃氣味太重的人，很適合用小荳蔲代替薑。由於其能幫助消化，很適合加入味道濃郁與豐盛的菜餚，特別是甜點。使用小荳蔲時，少量的效果便很持久，因此建議由少量開始使用。

小荳蔲綜合香料
- 派餅回憶綜合香料
- 溫暖消化綜合香料

小荳蔲食譜
- 肉桂蘋果燕麥餅乾
- 肉桂香料果凍
- 舒適的糖漬水果
- 辛辣奇蹟薑餅

芹菜籽

APIUM GRAVEOLENS

每日劑量：
¼茶匙（1.5公克）種籽

芹菜籽並非處方箋中最常見或最受喜愛的香料，以食物形式大量使用也是稍有難度。但芹菜籽可以當作腎臟滋補品，並能有效地與香芹等其他腎臟保健香草一起使用，發揮協同作用。

　　芹菜籽帶有強烈的辛鹹味，最適合用於味道濃厚與油膩的食物。這些小的種籽應該整顆使用，因為將其壓碎會釋放出更多苦味成份。芹菜籽可以自由地加入油醋沙拉醬、以美乃滋為基底的食譜（如馬鈴薯沙拉或雞肉沙拉）、煨煮的湯和高湯，或是加入肉丸和肉捲也很美味（可以用和茴香籽相同的方法使用它們）。

芹菜籽綜合香料
- 種籽綜合香料

芹菜籽食譜
- 香芹青醬
- 烤茄子佐大蒜優格

辣椒

CAPSICUM SPP.

每日劑量：

新鮮、乾燥，或粉末；

少量即有極大作用

想到辣椒的時候，我們腦海裡出現的可能是來自東南亞、中國、撒哈拉以南的非洲、與印度等地，世界上最辛辣的料理。我們很容易忘記辣椒是新世界的食物，源自南美洲，在辣椒由美洲擴展至全球之前，其他地區使用的是芥末、山葵，與令嘴巴發麻的四川花椒。直到西元1700年代晚期，辣椒才被用於上述這些料理，考慮到辣椒對於這些地區與當地人民飲食的重要性，這個時間點似乎十分近期。

如今，辣椒在世界上被狂熱地使用於各種甜點與鹹食。辣椒在熱帶地區生長得最好，全年皆可栽種。許多辣椒在新鮮時最容易使用。辣椒也普遍被用於抵抗高溫以保存食物，特別是在沒有冷藏系統的地區。有些人因為害怕辛辣味而迴避辣椒，但辣椒有許多不同的品種，儘管其親緣關係相近，在辣度指標、顏色、風味，與用途上卻極為多變。

品種與變異種

所有椒類，包括青椒在內，都屬於辣椒屬（胡椒是不同科，不包含在內）。辣椒屬有五種主要的辣椒栽培品種，其中變異種與栽培種的種類之多，導致很難建立確切的名單。據估計，如今有高達五萬種辣椒變異種存在。一些最常見的辣椒屬於*Capsicum annuum*，包括甜椒、聖納羅辣椒、卡宴辣椒、紅椒，與墨西哥辣椒。另一個受歡迎的品種則是*Capsicum chinense*，包括哈瓦那辣椒、蘇格蘭圓帽辣椒，與其他極辛辣的品種！

我最喜歡的辣椒之一，是溫和卻風味十足的安可辣椒，普遍被用在墨西哥料理。安可辣椒是用成熟的乾燥波布拉諾辣椒製成，辣度較低、風味濃厚深沈，稍有煙燻味。我喜愛安可辣椒的原因是，可以在家庭號餐點中大量使用，以增添藥用效益，卻不會增加辣度。當我煮一鍋湯或辣肉醬的時候，會加入半杯或更多的安可辣椒粉，創造出濃郁、火紅又充滿藥效的醬汁。若辣味食物不合你的胃口，試試看安可辣椒。

若你不怕辣，可以使用更辣的辣椒。卡宴辣椒粉製作醬汁非常棒，只要確定放輕鬆加入，並以少量開始使用。於菜餚中加入更多辣椒總是比取出來容易！你也可以嘗試用墨西哥辣椒烹調——務必要去籽並切成細絲。處理辣椒時，你或許會想要戴手套，因為辣椒油可能會灼傷皮膚；若接觸到眼睛、嘴巴，或鼻子，則會造成疼痛。此外要注意，辣椒是茄科植物，若你對茄科植物過敏，可能無法良好地適應辣椒。

循環與飽足感

辣椒被用於加速循環、增加生體可用率，與增強對其他香料的影響。若你曾吃過辣椒，不需要任何人告訴你它們會加速身體運轉，因為你會流汗，並感覺到其影響。最為廣泛利用的藥用辣椒是卡宴辣椒，內服外用皆可。外用方面，能用來幫助緩解局部疼痛，另外有一些研究支持其減輕全身性疼痛的能力。卡宴辣椒能輔助功能遲滯的消化作用，亦能幫助推動體內「卡住」的東西——無論是消化系統、呼吸系統，或甚至是女性健康問題。我認識的一位助產士建議給等待進入分娩的媽媽們吃一頓辣味餐點，這是個將東西往前推進的良好範例！

於飲食中添加辣椒可能也會改變我們的飽足感，甚至能幫助減少在感到飽足前所攝取的份量。一項研究判定紅辣椒與其中的辣椒素對飽足感（進食中或進食完畢的飽脹感）有正面影響。受試者的餐點中含有數份辣椒，並且每小時記錄其飽足感、飽脹感、飢餓感，與進食的慾望。結果顯示攝取紅辣椒能降低飢餓感與增加飽足感。

辣椒綜合香料
- 每日萬用綜合香料
- 薄荷辣椒綜合香料
- 似辣非辣的辣椒綜合香料

辣椒食譜
- 馮克的黑湯
- 大蒜抹醬
- 心臟保健鷹嘴豆泥
- 草本醬汁
- 藥膳味噌湯
- 薄荷優格抹醬
- 紅辣椒燉玉米粥肉湯
- 無酒精血腥瑪麗

肉桂綜合香料

- 心臟保健綜合香料
- 胡椒協同作用綜合香料
- 派餅回憶綜合香料
- 溫暖消化綜合香料

肉桂食譜

- 肉桂蘋果燕麥餅乾
- 肉桂香料果凍
- 舒適的糖漬水果
- 心臟保健鷹嘴豆泥
- 心臟協同作用乳脂軟糖
- 辛辣奇蹟薑餅

肉桂
CINNAMOMUM SPP.
每日劑量：
½茶匙（1.3公克）粉末

肉桂是最古老且最為人知的香料之一。具有四種能普遍取得的種類，皆源自樟科樟屬（*Cinnamomum*，亦稱肉桂屬）的數個東南亞樹種，其口味、化學組成，與藥效作用有很大的差異。

傳統將肉桂用於消化與呼吸道疾病，近年來，則被用在血糖管理、糖尿病，與發炎反應。若想將肉桂用於預防或治療，以食物為基礎每天攝取1-2公克便能提供顯著的健康效益，同時兼具美味與容易攝取之特性。取半茶匙肉桂灑上早餐燕麥粥、吐司、優格或是蘋果醬。

在選擇肉桂時，會希望考慮香氣、風味，與香豆素含量。香氣與風味屬於個人偏好，可能取決於你的製備方式，但品質較高的肉桂會有更強的藥效和香氣。

香豆素是一種自然生成的化學化合物，存在於肉桂、薄荷、芹菜、草木樨（sweet clover）、薰衣草，與胡蘿蔔等眾多植物。美國食品藥物管理局（FDA）於西元1954年禁止將香豆素當作食品添加物使用，基於研究報告指出其在大鼠身上引起的肝毒性（與人體潛在肝毒性）。儘管偶爾使用存在於某些肉桂中、少量至中等含量的香豆素不成問題，然而定期使用醫療劑量，便可能是一個顧慮。

品種與變異種

在北美洲的市場，最普遍販售的品種是中國肉桂（*Cinnamomum cassia*）。這種辛辣與味道濃郁的肉桂通常來自中國，並佔據市場50%以上的肉桂供給量。這種肉桂產自較硬的樹皮，其香豆素濃度高於軟質樹皮的品種。肉桂中的香豆素，若以一般的食物量攝取則不足為慮。但世界上的某些地區，如德國，則因香豆素含量而對中國肉桂下禁令。若因健康考量打算大量服用肉桂，最好選擇不同的品種。

若只是喜歡肉桂的風味而隨性吃一點，中國肉桂是沒問題的。但若是規律地攝取治療的劑量，如每日1-2公克的建議，則會希望使用更安全、藥效更好的錫蘭肉桂（*Cinnamomum verum*）。

所有市售的肉桂品種都曾被研究作為藥物使用，主要針對血糖調控的應用。儘管全部的品種都顯示具有一定的藥效作用，錫蘭肉桂，或「真正的」肉桂，是臨床發展最有希望的一種。這種肉桂有著柔軟的薄樹皮，以其細緻複雜的香甜氣味著稱。優良的香料供應商會販售各種肉桂，你可以尋求想要的品種。

孜然
CUMINUM CYMINUM
每日劑量：
½茶匙（1.5公克）粉末

孜然是繖形科（或香芹）家族的另一個成員，此謙遜的種籽可以整顆或研磨使用。其風土味於乾烤（整顆種籽）或放入熱油時會變得很明顯，這兩種都是傳統烹飪的常見用法。孜然經常搭配其他香料用於醬汁與咖哩，以整顆或粉狀形式加入，特別是印度料理的核心——葛拉姆馬薩拉（garam masala）綜合香料的主要成份。儘管與中東地區普遍使用的黑孜然有親緣關係，但並非同一種植物，且僅能最低限度交換使用。傳統將孜然用於治療脹氣與腹脹，然而其在心血管保健方面卻是被低估的好手。

孜然綜合香料
- 茴香杜卡綜合香料
- 似辣非辣的辣椒綜合香料
- 種籽綜合香料

孜然食譜
- 杜卡香料烤蔬菜
- 紅辣椒燉玉米粥肉湯
- 烤茄子佐大蒜優格
- 桑迪普的阿育吠陀米豆粥

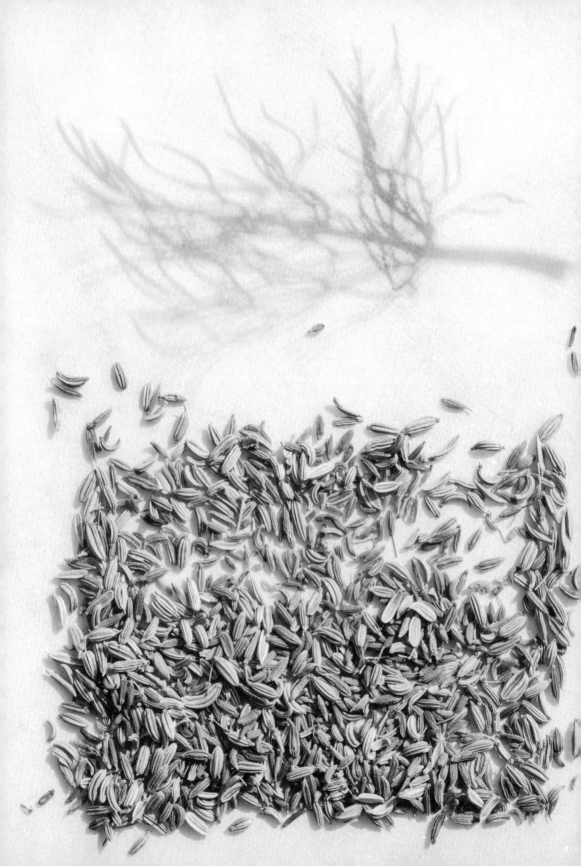

茴香

FOENICULUM VULGARE

每日劑量：
½茶匙（1.5公克）種籽

茴香植物整株都可以當作食物或藥物使用。其多汁的球莖以炙燒或刨絲的方式，加入沙拉都很美味；而種籽、葉片、花，甚至是花粉，都是有效的藥用香料。茴香帶有類似甘草的味道，因而成為老少咸宜的人氣香料。我家的茴香會自行繁殖，每年都會沿著前門至車道的小路重新長出來。當我的孩子還是嬰兒時，他們會爬過去抓一把羽毛狀的葉片、香甜的花朵，或美味的種籽。他們肯定認為我們的茴香是一欉魔法糖果灌木，每年有三個季節都會生長美味的東西。

茴香是針對所有消化系統不適的良好藥品，特別是影響到下消化道而造成的疼痛、痙攣、鼓脹與發炎反應。若消化道經常產生不適或疼痛，茴香或許是最適合加入飲食的香料之一。

茴香是一種容易入菜或製成茶的香料，在法式普羅旺斯綜合香料（Herbs de Provence）、埃及的核果種籽杜卡綜合香料，與印度香料奶茶中都能找到茴香。你也可以單純咀嚼幾顆茴香籽以幫助支持消化作用，這在印度是很常見的作法。有時候，在美國的印度餐廳會發現櫃檯放著一碗茴香籽（通常包覆著彩色糖衣），讓客人離開時自行取用。可以考慮在家中或辦公室放一小碗這樣的茴香籽，於餐後食用。

茴香是最早用於治療嬰兒腹絞痛與消化不適的藥物之一——可以與母乳結合提供給哺乳期的嬰兒、加入食物，或用整顆種籽製成茶。許多傳統指示也教導哺乳媽媽該如何運用茴香支持母乳餵養。

茴香綜合香料
- 茴香杜卡綜合香料
- 種籽綜合香料
- 溫暖消化綜合香料

茴香食譜
- 舒適的糖漬水果
- 杜卡香料烤蔬菜
- 烤茄子佐大蒜優格

大蒜

ALLIUM SATIVUM

每日劑量：
2瓣新鮮大蒜/2茶匙（8.4公克）粉末

身為一名草藥學家，常有人問我最喜愛何種香草或香料。太簡單了：大蒜！風味刺激的大蒜是一種出色的藥用食物，具有被廣泛證實的健康益處——全部都被包覆在細緻如紙的白色外殼中。數千年來，大蒜在草藥醫學中扮演著核心的角色。傳統上，大蒜因其預防與治療感染的能力備受重視。近年來，大蒜更是顯示能有效預防高血壓、代謝症候群，與其他心血管疾病等慢性健康症狀，同時還有慢性感染、免疫失調，與甚至某些癌症種類。

大蒜能替免疫系統提供能量，同時具有抗發炎與抗微生物的效果。大蒜能滲透全身組織的能力，只不過是其驚人的特質之一。當人們食用大蒜，會開玩笑表示口中的蒜味揮之不去（臭氣四溢！），其實不只是口氣，皮膚、肺，與血液等全身都會將大蒜吸收。以下的奇特實驗可以證明此事：於一個安靜的週六夜晚待在家裡，將一瓣生大蒜切開，摩擦於腳底。約十五分鐘內，待大蒜傳遍身體，你的嘴巴便會嚐到蒜味。

若喜歡蒜味，不妨使用大蒜支持每日健康。可以加入早餐的歐姆蛋、午餐的鷹嘴豆泥，或是晚餐的湯、燉菜，或燒烤類。我建議每天食用2-3瓣新鮮大蒜，然而每日1瓣亦能帶來好處。

新鮮、生食、粉末，或是熟成大蒜

理想上，要使用新鮮的大蒜球莖。尋找外皮帶有些微紫色的球莖，這是最具藥效的種類。剝出新鮮蒜瓣（有各種有趣的技巧，可以探討最好的去皮方法），用刀面將其壓碎——能使有益的植物性化合物藥效更佳。接著可以切片或剁碎，加入烹調。若整個剝皮步驟聽起來太繁複，可以購買去皮蒜瓣，但較不新鮮，並且會流失部份辛辣感。我會避免購買罐裝蒜泥，因為其缺乏藥性。反之，可以尋找冷凍大蒜，或更好的是，將新鮮去皮的大蒜用食物調理機攪碎，並自行分裝成少量冷凍。高品質的蒜粉與蒜粒，以方便使用的形式涵蓋了大蒜大量的藥效。儘管蒜粉的風味不如新鮮大蒜，但其使用方便，可以在架上保存數個月。品質優良的蒜粉可以合理的當作藥用香料使用。若將蒜粉當成藥物使用，我建議每日食用2茶匙。

用於抵抗微生物時，生大蒜的效果最佳。若你曾經吃過生大蒜，便知道其味道十分強烈，大量食用不是很美味。有一些對策亦能使生大蒜變得容易入口，使用時，最好將其包覆於黏稠的材料中。一個簡單的方法是酪梨沙拉醬——將生大蒜、萊姆汁與鹽加入新

鮮酪梨泥。亦可將生大蒜拌入橄欖油，塗抹在麵包、義大利麵，或是蔬菜上。將生大蒜加入花生醬，可當作辣味泰式花生醬的基底；或是放入蜂蜜做成甜鹹混合物。烹煮和熟成的大蒜同樣具有抗微生物特性，但效果明顯地減弱。然而不表示不能用烹煮或熟成的大蒜抵抗微生物，而是嘗試將烹煮的時間儘可能縮短，於即將完成時再將大蒜放入鍋內。

我熱愛大蒜的風味，但也瞭解並非人人如此——而大蒜似乎也無法以愛回應這些人，還會造成消化道的問題。若這是你所面臨的情況，可以考慮使用熟成大蒜萃取物，通常以營養補充品的形式販售，且能無味的傳遞大蒜的健康效益。熟成大蒜萃取物保留並濃縮了一些新鮮球莖的藥用益處，但在熟成的過程中，會流失部分有益物質。

治療感冒和感染

大蒜對於預防、甚至排除體內某種感染十分有效，長期食用也有益於心血管系統。生病時，可以將大蒜加入任何想吃的食物，包括雞湯或咖哩等令人舒適的食物。至於感染方面，於生病期間每天吃2-4個蒜瓣。

大蒜綜合香料
- 每日萬用綜合香料
- 綠色精華綜合香料
- 心臟保健綜合香料
- 似辣非辣的辣椒綜合香料

大蒜食譜
- 胡蘿蔔洋蔥薑黃咖哩
- 蔬食青醬
- 馮克的黑湯

- 大蒜抹醬
- 綠色精華沙拉醬
- 心臟保健鷹嘴豆泥
- 草本醬汁
- 藥膳味噌湯
- 正念青醬
- 紅辣椒燉玉米粥肉湯
- 烤茄子佐大蒜優格
- 無酒精血腥瑪麗

薑

ZINGIBER OFFICINALE

每日劑量：

1½茶匙（1.5公克）粉末 /
1茶匙新鮮薑泥

嚐一口薑，便知道這種香料為什麼被認為可以增加消化力——真是辣味十足！原產於亞洲，薑是中國與印度次大陸料理中最為普遍使用的香料，薑夠堅硬，因此新鮮的塊莖能輕易地被運送至全球氣候溫和的地區。我稱薑為堅不可摧的香料，因為可以乾燥、研磨、糖漬，或製成糖漿、汽水或湯，並且能一直保有其藥用特性。生薑辛辣多汁，可以替料理增添細緻的芳香風味；乾薑味道辛辣、濃烈又刺激，用量明顯較小，通常是生薑用量之重量或體積的10%。

感冒來襲時，薑是非常好的預防保健品。亦可以每日使用以支持長期免疫力，對免疫失調的人來說十分理想。薑能安撫噁心與舒緩消化道黏膜刺激，對於消化系統的感染疾病非常好。傳統利用薑暖身，並激勵發汗（流汗）與自然發燒反應。發生急性感染疾病時，用熱水浴與一杯熱薑茶是支持身體永不過時的方法。用生薑做成的「熱薑汁檸檬飲」（頁152）是很受歡迎的製備方法。當家人在冬季團聚、感冒迅速傳播之時，我會在爐子上留一鍋熱薑汁檸檬飲，好讓孩子和老人自行取用，以保持大家的健康。

激勵大腦

薑的益處不常被應用於認知方面，不過近期幾項研究顯示，薑是值得考慮的選擇。臨床試驗中，連續2個月、每天服用400毫克或800毫克薑的人（將酒精萃取物乾燥後製成粉末提供），其認知評估表現有顯著改善，包含語言、圖像、數字與空間要素的聽覺和視覺刺激、工作記憶，識別與反應時間。對烹飪用途而言，這是相對很高的劑量，因此可以考慮於烹飪中使用大量的薑。有諸多關於薑的研究與安全性資料，皆指向規律的飲食攝取。

神聖羅勒

OCIMUM SANCTUM

每日劑量：
2茶匙（1.6公克）切碎過篩

神聖羅勒，又名聖羅勒，傳統因其藥用特性在印度已被使用了數個世紀。近期研究顯示，儘管所有種類的羅勒都有明顯的抗氧化及抗發炎特性，神聖羅勒的效果最強。你可能會想嘗試將料理中的甜羅勒換成神聖羅勒。若覺得神聖羅勒藥味太重或過於強烈，可以在菜餚中將甜羅勒與神聖羅勒參半使用。

通常在亞洲雜貨店可以找到與泰國羅勒並排的神聖羅勒。若找不到新鮮的，亦可用乾燥的。神聖羅勒也很容易種植，比甜羅勒更耐旱和強壯，即便在城市窗台邊的小花盆裡也能長得很好。

羅勒被用於從拉丁美洲到亞洲、歐洲與印度等世界各地的菜餚，其迷人的風味與番茄、巴薩米克醋，還有辣椒絕配。這種植物嬌弱的葉片最好新鮮摘採使用，因為其枯萎變色的速度很快，不過羅勒也可以搗成泥、磨碎、乾燥或冷凍使用。我們多半比較熟悉義大利羅勒，亦為甜羅勒。然而羅勒有許多相異的品種，皆屬於薄荷家族，包括檸檬羅勒、泰國羅勒，與神聖羅勒。儘管它們都帶有些許香甜風味，有些種類的氣味更為刺激，有些甚至帶有甘草味。

神聖羅勒綜合香料
- 認知綜合香料
- 每日萬用綜合香料
- 綠色精華綜合香料
- 心臟保健綜合香料

神聖羅勒食譜
- 能量早餐
- 蔬食青醬
- 大蒜抹醬
- 綠色精華沙拉醬
- 心臟保健鷹嘴豆泥
- 草本醬汁
- 藥膳味噌湯
- 正念青醬
- 無酒精血腥瑪麗

薰衣草

LAVANDULA ANGUSTIFOLIA

每日劑量：
1茶匙（1公克）乾燥花朵

薰衣草在精油的世界廣為人知且備受喜愛，經常被用於支持神經系統的健康。這種植物不常被當作香料加入食物，但它是有幫助的。在法式普羅旺斯綜合香料中可以找到薰衣草，其中還含有百里香、馬鬱蘭、香薄荷、迷迭香、奧勒岡、羅勒、與鼠尾草。

薰衣草替食物增添花香味，與迷迭香混合、少量用在肉類與蔬菜料理的效果非常好。花香味會迅速蓋過其他風味，但少量使用能平衡重口味的食物，如野味、辛辣的乳酪，或風味濃郁的綜合香草和香料。儘管薰衣草的葉片近似於地中海料理常用的其他芳香葉片，其帶有強烈苦味，最好避免用在食物中。有些人的確對食物中的薰衣草感到反感，覺得味道像肥皂。使用正確的份量，可以成為烘焙食品的愉悅添加物。將薰衣草的花朵磨成粉，加入糖，製成薰衣草糖，便能用於薰衣草檸檬水或薰衣草餅乾。

薰衣草綜合香料
• 認知綜合香料

薰衣草食譜
• 能量早餐

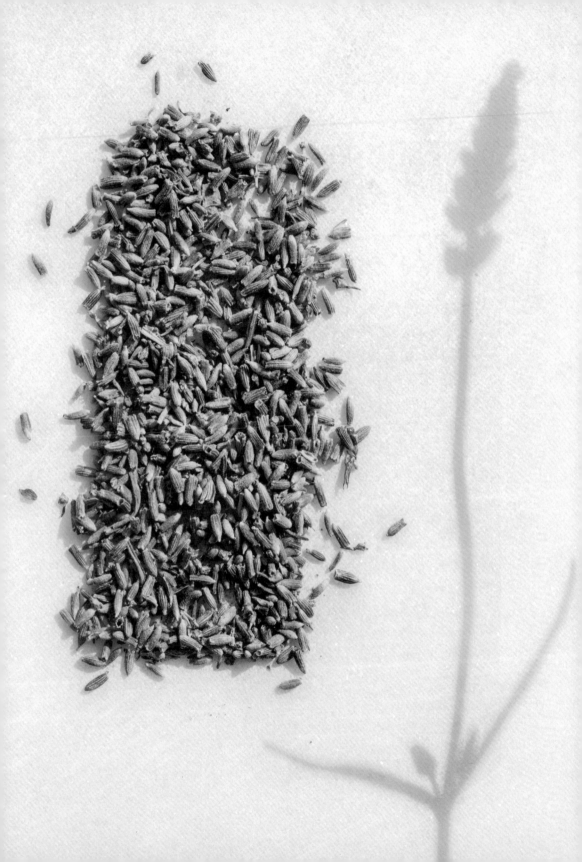

薄荷的芳香烴與單寧

薄荷有兩類重要的構成要素：芳香烴與單寧。芳香烴是這種植物帶有「薄荷味」的原因，亦是我們想要萃取作為藥用的分子。單寧是收斂劑，可以緊緻與調和黏膜，但在薄荷製品中，使用超過少量的單寧通常是不理想的。單寧可能會造成嘴巴緊繃或乾澀，例如喝濃紅茶或乾型紅酒。因此，我們試著使用能提取芳香烴並留下單寧的萃取方法。

以下的有趣實驗展示了薄荷微妙的揮發性：用三種不同方式處理乾薄荷，並品嚐進行比較。第一種製備方法：將乾薄荷（或一個薄荷茶包）浸入常溫的水過夜，不要加熱。此方法能將揮發油釋出，但不含單寧。第二種製備方法：將乾薄荷（或一個薄荷茶包）用滾水煮15分鐘。房間會聞起來很香，但待茶水冷卻後，會發現裡頭幾乎沒有薄荷味殘留。最後，將滾水倒入乾薄荷（或茶包）浸泡，加蓋靜置1分鐘。此方法能最有效地保留揮發油，並將單寧含量減至最低。

薄荷
MENTHA SPP.
每日劑量：
1湯匙（3.3公克）切碎過篩

薄荷被廣泛用於全球各地的菜餚——將新鮮薄荷切碎加入沙拉、麵條，或是越南料理中的生春捲。新鮮薄荷在雞尾酒界也很受歡迎，例如莫希托（mojito）。薄荷以醬汁的形式，作為肉類料理的附加物，在英式料理尤其突出。薄荷很容易種植——然而要注意，它會佔據你的花園！最好種在花盆或專屬的花床裡。將薄荷用於料理時，必須注意避免高溫或長時間加熱，否則會破壞賦予薄荷藥用特性的脆弱揮發油，以及有益的單寧收斂劑。我建議若可能，儘量使用新鮮、未烹煮的薄荷。

若使用乾薄荷，要保持在小火狀態，或是完成烹調後再加入。

當我們想到薄荷時，最常想到的是胡椒薄荷（*Mentha piperita*）的芳香油，或是其近親綠薄荷。薄荷屬裡有許多薄荷品種，只有部份被用於烹飪。通常，食譜中提到的薄荷可以使用胡椒薄荷或綠薄荷，但其他的品種不見得能取代這兩者。

薄荷美味且溫和。薄荷茶是應用於胃不適的常見療法，可以用乾燥或新鮮薄荷葉製作，並且使用不同的種類——胡椒薄荷、綠薄荷、斑葉鳳梨薄荷，或巧克力薄荷。薄荷被證明幾乎有助於所有類型的消化道不適，從膽囊不適、孕期噁心、消化不良，甚至是腸道發炎疾病。針對上述的任何情況，使用薄荷能幫助調節胃部肌肉張力和痙攣。

薄荷綜合香料
- 認知綜合香料
- 薄荷辣椒綜合香料

薄荷食譜
- 能量早餐
- 薄荷優格抹醬

芥末

BRASSICA NIGRA

每日劑量：
½茶匙（1.3公克）粉末

芥末通常被分類在調味品的貨架，作為一種香料而言，並未被充分利用。相較於其他物種，原產於北非的這種微小種子，與常見的蕓薹屬（*Brassica*）葉菜類植物，如芥蘭菜葉、羽衣甘藍、青花菜，與芝麻菜等親緣關係更接近——除了近親辣根之外。

當我們談到芥末籽，通常指的是黑芥末籽（*Brassica nigra*），儘管還有芥菜（*Brassica juncea*）、白芥末籽（*Brassica alba*），或黃芥末籽（*Brassica hirta*）等其他品種。芥末的刺激味可能比你瞭解的更有彈性，只要開始嘗試使用乾燥與磨碎的種子，便會發現自己將越來越多芥末籽加入菜餚中。

芥末籽（又稱作黑芥末籽）可以攝取整顆乾燥的種子，或是將其磨成粉末（通常會將外皮去除），亦可製成我們熟悉的抹醬。起初製備芥末抹醬的方式是將黃芥末籽或第戎芥末籽研磨後加入醋，此方法並未隨著時間產生太多改變，除了加入鹽、花樣多變的醋，或是偶爾加入薑黃。這是一種人們不瞭解其藥效，亦每天使用的簡單、低負擔、美味，且容易取得的香料調製方式。

刺激的藥物

單獨食用乾燥的芥末籽，風味是相對溫和的，但加水產生的酵素反應，會使刺激的芥末油釋出，可以是很辣的！印度料理經常使用整顆芥末籽，將其加入熱油爆裂，使風味滲入油和菜餚中。芥末籽的辛辣風味於烹煮約15分鐘後，會逐漸減弱、變得較為溫和。加入熱水、醋與檸檬汁等酸亦能減緩辣度。芥末籽用於咖哩十分美味，你可能會感到吃驚，它甚至可以搭配薑等其他辛辣香料，一起用於甜點。我最喜歡的是用這兩種美味藥用香料製作的「辛辣奇蹟薑餅」（頁123）。

藥用方面，芥末籽在許多文化中扮演著重要角色，被用來產生熱量和溫暖。例如，熱芥末浴是一種常見治療感冒或傷風的方法，特別是有呼吸道損傷的情況。將芥末粉、麵粉和水混合，製成的芥末膏藥被用作濕敷藥物，這種治療呼吸系統感染與充血的方法已有數千年之久。芥末膏藥的作法是將芥末粉和麵粉以1:3的比例，加水混合成敷料。將完成的敷料放在薄布上，覆蓋於患者背部與胸口15分鐘。

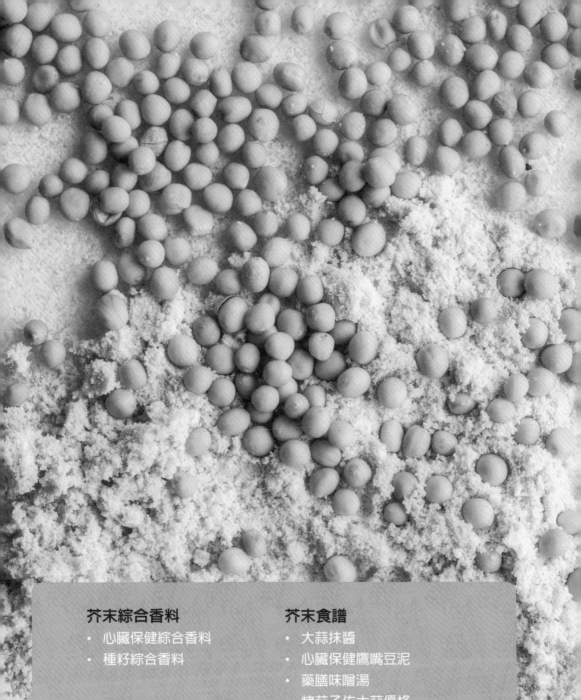

芥末綜合香料
- 心臟保健綜合香料
- 種籽綜合香料

芥末食譜
- 大蒜抹醬
- 心臟保健鷹嘴豆泥
- 藥膳味噌湯
- 烤茄子佐大蒜優格
- 辛辣奇蹟薑餅

香芹

PETROSELINUM CRISPUM

每日劑量：

**1湯匙（2.3公克）切碎新鮮香芹 /
切碎過篩**

多年來，香芹不過是餐盤上的一樣裝飾（這個作法似乎已不再流行）。雜貨店裡經常可見到成束的新鮮捲葉或平葉香芹，這使我懷抱希望，相信這種新鮮藥用香草擁有許多支持者。

香芹最好使用新鮮的，其取得容易且價格低廉。新鮮香芹碎可以加入所有類型的料理，亦可加進任何含有其他地中海香料，如羅勒、百里香、奧勒岡，或迷迭香的食物。香芹是中東料理重要的材料，例如用香芹、布格麥（bulgur wheat）、薄荷、番茄，與橄欖油製成的塔布勒沙拉（tabbouleh）。試試看用檸檬與開心果製成的美味「香芹青醬」（頁149），以獲得每日所需的劑量。請自由使用大量香芹，其溫和綠葉風味能讓人輕易地拿起一把開始嘗試。

若找不到新鮮香芹，可以使用乾燥的，但其保存期限非常短，和新鮮香芹相比價格相對昂貴。若使用乾燥香芹，試著少量購買並儘速用完。當乾燥香芹失去其鮮綠色澤，轉為淡黃色或棕色時，便表示不再新鮮了。以藥用目的定期使用香芹，你會希望每天攝取至少1湯匙切碎的新鮮/乾燥香芹。

香芹綜合香料
- 綠色精華綜合香料

香芹食譜
- 綠色精華沙拉醬
- 香芹青醬

迷迭香

ROSEMARINUS OFFICINALIS

每日劑量：
½茶匙（1公克）切碎過篩

這 種地中海灌木，其強壯如樹脂般的針狀葉十分美味，令人想起那充滿陽光的海岸與炎熱乾燥的發源地。迷迭香的葉片擁有如此強大的抗氧化能力，經常被用在食物保存上，例如防止精製油腐敗。這些抗氧化物亦能協助「保存」你的某些認知過程與能力。

迷迭香有益的藥用特性已長期為人所熟知；莎士比亞於《哈姆雷特》（*Hamlet*）中告訴我們，迷迭香代表著記憶。這種美味的藥用植物，在夏季可以輕鬆地種植於戶外盆栽，或是在較溫暖的地區當作多年生植物。若你擁有綠拇指善於栽種的技巧，或許在室內的日照窗戶邊，也能使迷迭香生意盎然。

使用新鮮針葉遠勝於乾燥迷迭香。新鮮的迷迭香針葉可以切碎加入食物，提供最豐富的風味和吸收作用；另一方面，乾燥迷迭香可能會有點難咬。若無法取得新鮮迷迭香，使用前自行將乾燥迷迭香磨碎亦可。粉狀迷迭香的美味油脂會迅速流失，且不具有良好的風味。

迷迭香綜合香料

- 認知綜合香料
- 每日萬用綜合香料
- 心臟保健綜合香料

迷迭香食譜

- 能量早餐
- 心臟保健鷹嘴豆泥
- 草本醬汁
- 正念青醬
- 無酒精血腥瑪麗

鼠尾草
SALVIA OFFICINALIS
每日劑量：
½茶匙（0.5公克）切碎過篩

這種常見的廚房香草在花園便能輕易種植，也很適合乾燥使用。鼠尾草的味道濃郁，通常少量用於烹飪中。經常出現在法式與義式料理，以奶油為基底的醬汁，適用於多數地中海料理，並搭配迷迭香、百里香，或奧勒岡。若不習慣鼠尾草強烈的風味，可能會需要花點時間適應，但其獨特的藥用特性仍值得被納入處方箋。

將鼠尾草作為藥用時，我建議每日攝取至少½茶匙乾燥香草。某些情況可能會需要更多，但當你開始探索如何將此強烈風味融入飲食的時候，上述劑量不失為一個好的開始。新鮮的鼠尾草亦是一種理想的香料，並且在許多氣候帶都能容易生長。使用新鮮的鼠尾草，可在食譜中加入3-4片葉子。

鼠尾草綜合香料
- 每日萬用綜合香料

鼠尾草食譜
- 草本醬汁
- 無酒精血腥瑪麗

百里香

THYMUS VULGARIS

每日劑量：

1½茶匙（1.3公克）粉末

百里香在貧瘠環境中茁壯生長，並受到葉片中有力的芳香油所保護。這些油脂能替百里香抵擋掠食者與疾病，亦能為人體所用，作為抵抗微生物的保護與防禦措施。

這種微小葉片的風味可是一點也不小。世界各地的諸多料理皆使用百里香，特別是地中海料理與一些加勒比海地區的料理，如牙買加等。百里香可用於多數菜餚，很適合搭配鼠尾草與迷迭香，其經過長時間烹煮，仍能保留風味，但刺激感會減輕。若日照充足，百里香亦是最容易種植的植物之一，可以種在花盆或地上，不需要太多照顧便能活得很好。

大量攝取百里香是安全的，傳統被用於治療呼吸道感染。我最喜歡的百里香應用方式之一，就是製成喉嚨痛的呼吸噴霧或漱口水。製備喉嚨痛的漱口水，簡單地用百里香泡茶或浸漬液，冷卻後加入一小撮鹽。每天以此混合物漱口數次。

百里香綜合香料
- 認知綜合香料

百里香食譜
- 能量早餐

薑黃
CURCUMA LONGA
每日劑量：
½茶匙（1.7公克）粉末

薑黃能保護身體各部位免於發炎反應，使其成為能應用於骨骼、皮膚，與關節症狀的良好藥用香料。由於慢性心臟問題傾向以發炎反應為中心，薑黃亦是用於對付常見心臟相關疾病的天然選項。

在印度與中國，薑黃被當作藥用植物使用已長達數個世紀。其眾多益處似乎來自於薑黃素中的化學成份，薑黃素佔此種根莖類植物的化學組成約2%-5%。儘管薑黃含有眾多化合物，許多市面上的商業營養補充品，往往僅重視或聚焦在薑黃素這種單一成份。一項研究亦證明，薑黃素並非薑黃中唯一具有藥效的成份。許多成份被證實具有不同於薑黃素的藥效。完整的薑黃被發現具有以下益處：抗發炎、抗微生物、抗氧化、抗抑鬱、抗癌、抗突變、防護輻射、保護肝臟、保護神經、抗糖尿病、傷口癒合，與抗老化。

薑黃或許聽起來像萬靈丹，但有許多方式可以將這種充滿能量的香料入食，每天於料理中加入半茶匙薑黃是很值得的。從複雜的印度咖哩到香甜的黃金牛奶，薑黃為全身提供了避免發炎反應的精彩方法。請參見「心臟協同作用乳脂軟糖」（頁139）、「熱薑汁檸檬飲」（頁152），與「藥膳味噌湯」（頁147）的食譜，以絕佳的方式提供每日薑黃攝取量。

薑黃綜合香料
- 認知綜合香料
- 每日萬用綜合香料
- 茴香杜卡綜合香料
- 綠色精華綜合香料
- 心臟保健綜合香料
- 胡椒協同作用綜合香料
- 溫暖消化綜合香料

薑黃食譜
- 能量早餐
- 胡蘿蔔洋蔥薑黃咖哩

- 舒適的糖漬水果
- 杜卡香料烤蔬菜
- 大蒜抹醬
- 綠色精華沙拉醬
- 心臟保健鷹嘴豆泥
- 心臟協同作用乳脂軟糖
- 草本醬汁
- 快速檸檬生薑香草茶
- 藥膳味噌湯
- 桑迪普的阿育吠陀米豆粥
- 無酒精血腥瑪麗

全球各地的香料：桑吉巴

桑吉巴島（Zanzibar Island）位於東非的坦尚尼亞外海，其土壤與氣候條件很適合種植熱帶香料。我曾拜訪位於桑吉巴中部的「生薑香料農場」（Tangawizi Spice Farm），裡頭包含了薑黃、薑、香草、檸檬草、肉荳蔻、肉荳蔻種皮、黑胡椒、丁香、肉桂，與小荳蔻等香料。這座教育農場歡迎遊客走入森林，觀察香料如何在野外生長，以瞭解香料蓬勃發展之地的生物多樣性與生態系統。濃密樹冠下的花朵、果實，與香氣皆是這片熱帶森林中生意盎然的一環。直接從肉桂樹揭下樹皮、輕咬花苞時發現丁香的風味，還有聞到香草蘭的花朵是相當神奇的事！

我好奇地想知道，坦尚尼亞人是否選擇了和我們相同的植物部位作為香料？或是，在能任意使用整株植物的情況下，他們是否會將其他部位用於食物與藥品？一位生薑香料農場的農人與我談論關於這些香料的一些常見用法，由我最喜歡的種類開始介紹。

傳統將肉桂用於整體健康，同時還有減重、高血壓，與糖尿病。製備的方法，通常是將乾樹皮滾煮五分鐘，然後當作茶飲用，每日1杯。有趣的是，此作法與當代研究證實的最佳作法雷同。除了使用樹皮，芳香的樹

位於桑吉巴「生薑香料農場」中的丁香花苞。

根亦能當作治療感冒的軟膏或按摩油。

桑吉巴島盛產丁香，被用於治療牙痛——直接將丁香粉放在牙刷上。為了維持骨骼健康，丁香被當作香料入食。針對胃部症狀，可以咀嚼丁香花苞並用水吞服。

薑黃著重於腦部健康。使用時，磨成粉的薑黃會與蛋黃或牛奶混合服用；這些方法提供了必要的脂肪，以維持香料的生體可用率。薑黃亦能幫助胃潰瘍：將薑黃粉與蛋黃、椰奶，與蜂蜜混合，每日2次、每次2茶匙，持續服用2個月。針對皮膚症狀，他們也會於外部使用薑黃：將薑黃粉、水與檸檬汁混合，塗抹在皮膚上，靜置30-45分鐘後洗淨。

薑被用於支持免疫系統，與治療咳嗽、感冒，及胃部症狀。其製備方法是將新鮮的薑汁、薑黃粉與檸檬汁混合。

近距離接觸這些香料所帶來的鮮活樣貌，是國內能找到的乾燥香料所無法比擬。如今，每當我聞著丁香，彷彿被帶回桑吉巴那生機勃勃的茂密森林。

位於桑吉巴島的生薑香料農場，其新鮮的肉荳蔻果實與種籽。被當作香料的肉荳蔻（種籽）與肉荳蔻種皮（包覆種籽的外皮）皆由此而來。

藥用方式及劑量

藥用香料	學名	使用部位	新鮮使用	乾燥使用	粉末狀使用
黑胡椒	*Piper nigrum*	果實		X	X
金盞花	*Calendula officialis*	花瓣	X	X	
小荳蔻	*Ellettaria cardamomum*	果莢		X	X
芹菜籽	*Apium graveloens*	種籽		X	X
辣椒	*Capsicum spp.*	果實	X	X	X
肉桂	*Cinnamomum verum*	樹皮		X	X
孜然	*Cuminum cyminum*	種籽		X	X
茴香	*Foeniculum vulgare*	種籽		X	X
大蒜	*Allium sativum*	球莖	X	X	X
薑	*Zingiber officinale*	根莖	X	X	X
神聖羅勒	*Ocimum sanctum*	葉	X	X	
薰衣草	*Lavandula angustifolia*	花		X	
薄荷	*Mentha piperita, M. spp*	葉	X	X	
芥末	*Brassica nigra*	種籽		X	X
香芹	*Petroselinum crispum*	葉	X	X	
迷迭香	*Rosmarinus officinalis*	葉	X	X	
鼠尾草	*Salvia officinalis*	葉	X	X	
百里香	*Thymus vulgaris*	葉	X	X	
薑黃	*Curcuma longa*	根莖	X	X	X

完整/切碎 過篩使用	每日劑量	每日劑量 （公克）
	¼茶匙粉末	1
X	2茶匙新鮮花瓣	0.5–1
X	¼茶匙粉末	0.8
X	¼茶匙種籽	1.5
	少量點綴	0.25–0.5
	¼茶匙粉末	1–2
X	¼茶匙粉末/種籽	1–2
X	½茶匙種籽	1–2
X	2瓣新鮮大蒜/ 1茶匙粉末	2–3
X	½茶匙粉末	1–2
X	2茶匙切碎過篩	1.6
X	2茶匙	1
X	1湯匙切碎過篩	3.3
X	½茶匙	1.3
X	1湯匙新鮮/ 切碎過篩	2.3
X	½茶匙切碎過篩	0.5
X	½茶匙切碎過篩	0.5
X	½茶匙	1
	½茶匙	1.7

第 **4** 章

用香料支持健康目標

香料能針對特定的健康目標與身體機能提供對應的協助。無論是被診斷出高血壓、想要減緩膝蓋發炎反應，或是處理消化疾病與肺部問題，皆有科學證據支持將香料入食的好處。有關本章節介紹，以香料支持七大健康目標之臨床研究，皆收錄於參考文獻中。

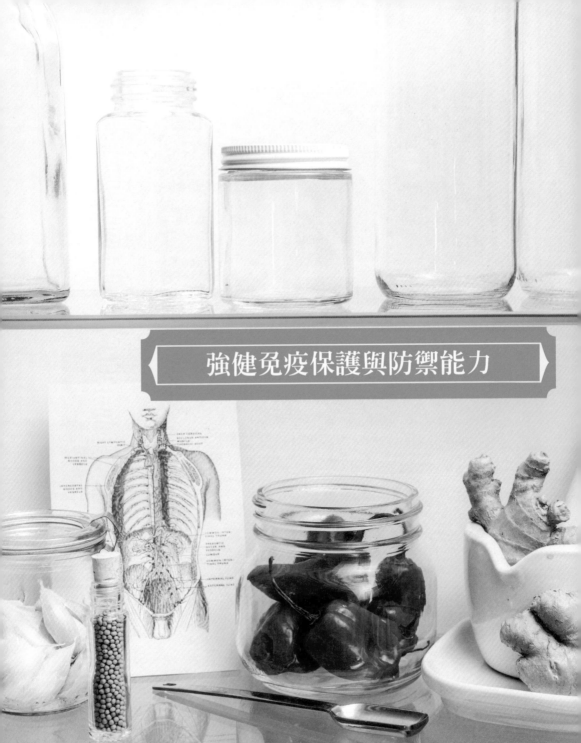

強健免疫保護與防禦能力

我們的身體不僅存在於生態系統中，其自身亦是一個生態系統。我們不停地與周遭和體內的其他生物互動，因為免於有害生物或病毒的侵襲，是一場永不停歇的交涉。為此，我們複雜且機智的免疫系統提供了良好的裝備。如同我們所知，這不代表我們永遠不會屈服於感染。支持身體擁有更好的防禦力，並提供生病時的反擊能力，都是香料所能發揮的場合。所有的香料在某種程度上都能抗發炎，光是這一點就能支持我們的身體和防禦力；另外還有許多香料，能有力地抵抗微生物。而其他更溫和的香草和香料，可用於免疫失調或更敏感的系統。

在感染的過程中，若想尋求保護與防禦支持，「領域」是核心的概念，意味著身體概括的生態系統與其對病原體的接受度。例如，大量攝取甜食可能會創造出特定細菌、病毒，與真菌喜愛的環境，在遭受損傷或暴露於病原體時，將更有機會被感染。食用香料時，其成分會滲入大部分的組織。具體來說，辣椒、大蒜、薑，與芥末能針對特定的感染性病原體，創造較不具傳播力的環境。它們能使身體發熱、減緩發炎反應、促進循環，形成較不利於病原體蓬勃生長、繁殖，與擴散的地方。

當我們談到改變身體的領域，意思是透過提升整體香料食物的攝取，以增進身體應付病原體或感染的能力。當社區內有感冒或病毒四處傳播時，攝取更多香料這種簡單的方法會很有幫助；若發生慢性感染，此方法會是恢復健康之治療策略中的一步好棋。

攝取了充足的份量，薑、大蒜、辣椒，與芥末便扮演了改變領域的重要角色。使用方式可以是新鮮或粉末、單方或綜合香料；份量則是少量、一般用量、大量，或急性狀況時，使用濃度更高的劑量。在季節更替或容易生病的時候，可以每日一次將芥末與大蒜入食，以支持整體健康。若發現自己染上某些疾病，想要重振防禦系統，可以將上述香料大量地加入「藥膳味噌湯」（頁145）。儘管大量攝取這些香料對安全無虞，瞭解自身對辛辣或刺激食物的承受度，並保持在舒適範圍內是很重要的。

大蒜 *Allium sativum*

大蒜之於免疫功能的應用，與其抗菌和抗微生物的特性，皆有歷史詳盡記載。其廣大的抗菌能力，能有效對抗格蘭氏陽性（gram-positive）與格蘭氏陰性（gram-negative）細菌，並經證實能抑制產氣桿菌屬（*Aerobacter*）、產氣單胞菌屬（*Aeromonas*）、桿菌屬（*Bacillus*）、檸檬酸

桿菌屬（*Citrobacter*）、梭菌屬（*Clostridium*）、腸桿菌屬（*Enterobacter*）、大腸桿菌屬（*Escherichia*）、克雷伯氏菌屬（*Klebsiella*）、乳酸桿菌屬（*Lactobacillus*）、白色念珠菌屬（*Leuconostoc*）、細球菌屬（*Micrococcus*）、分枝桿菌屬（*Mycobacterium*）、變形桿菌屬（*Proteus*）、普羅威登斯菌屬（*Providencia*）、假單胞菌屬（*Pseudomonas*）、沙門氏桿菌屬（*Salmonella*）、沙雷氏菌屬（*Serratia*）、志賀氏菌屬（*Shigella*）、葡萄球菌屬（*Staphylococcus*）、鏈球菌屬（*Streptococcus*）、弧菌屬（*Vibrio*），與幽門螺旋桿菌（*Helicobacter pylori*）。大蒜已被證實能與某些藥用抗生素產生協同作用，使病原體無法輕易產生抗藥性。

有一項研究測試了大蒜對於身體抵抗普通感冒的能力之影響。受試者於冬季持續服用大蒜補充品12週，並每日記錄其症狀。這段時間內，服用大蒜的實驗組其罹患感冒的比例只有對照組的37%。此外，與服用大蒜的實驗組相比，對照組於每個季節似乎更容易感冒一次以上。

大蒜在免疫調節與抗發炎效果獲得很高的評價，它的這些特性已被建議當作是維持免疫系統平衡的備品。大蒜的化合物其抗發炎效果或許能幫助治療與預防如肥胖、代謝症候群、心血管疾病、胃潰瘍，與甚至癌症等病變。幽門螺旋桿菌是造成胃癌的主因，有數項研究檢驗大蒜預防其感染造成相關損傷的能力。

辣椒 *Capsicum spp.*

所有種類的辣椒都富含抗氧化與抗發炎的益處。俗稱鳥椒（*Capsicum annuum*，編按：包含甜椒、卡宴辣椒、墨西哥辣椒等）的品種，被證實具有抗菌與抗真菌的特性，能抵抗枯草桿菌（*Bacillus subtilis*）、金黃色葡萄球菌（*Staphylococcus aureus*）、表皮葡萄球菌（*Staphylococcus epidermidis*）、大腸桿菌（*Escherichia coli*），與白色念珠菌（*Candida albicans*）。

薑 *Zingiber officinale*

薑和其成份已經被廣泛研究，並發現具有抗氧化、抗發炎、抗噁心，與抗突變的特性。同時被證實能抑制諸多類型癌症的細胞生長與誘發細胞凋亡。一篇關於「薑在消化道疾病中的保護作用」之臨床研究文章指出，薑具有化

學預防作用的潛力，以對抗大腸直腸癌。一項研究顯示薑具有明顯的抗發炎效果，能降低大腸直腸癌高風險患者體內的COX-1蛋白質（一種發炎指標物）表現，此現象在一般風險的人身上不會表現。

芥末 *Brassica nigra*

芥末是用於潮濕與淤塞性支氣管感染的理想藥物。在需要強力祛痰劑、或呼吸系統內有痰淤積的時候能提供幫助。長期使用芥末的藥效近似於芸苔屬植物——以強效抗發炎與抗癌作用著稱，甚至可能更集中。我們對於芥末籽藥用益處的瞭解，是透過其近親的芸苔科植物之知識積累而來。芥末籽與它的表親一樣，具有以抗發炎和抗癌作用著稱的芥子油苷（glucosino-lates）。此外，芥末籽還含有能分解芥子油苷的酵素，並釋放出藥效更強的異硫氰酸鹽（isothiocyanates）——一種強力調節物，能調節與新陳代謝相關的酵素之表現與作用，並清除體內各種致癌物。

關於芥末的研究可能會令你大吃一驚。一項臨床試驗針對四種香料對「攝食產熱效應」（DIT）的影響進行研究，發現由食物引發的能量消耗超過了代謝速率，或許可以用於幫助減重。此試驗利用芥末、薑、辣根，與黑胡椒進行測試，受試者於測試前斷食24小時，並且未攝取酒精、咖啡因，或辣味香料；且測試前48小時未從事運動鍛鍊。將體重、身體質量組成、呼吸，與尿液和血液樣本等項目進行記錄。接著提供受試者含有麵包、火腿、炒蛋、奶油、水果、甜菜根、果汁，與水的餐點，其中包含14克上述的四種香料之一。受試者用餐完畢後，於接下來的4個小時持續測量能量平衡與產熱效應。與對照組相比，只有芥末稍有增長，儘管幅度微小，仍能表示定期攝取芥末有增強「攝食產熱效應」的潛力，進而成為維持理想體重的輔助物。

一項相關的臨床試驗，發現芥末對飽足感與升糖反應有正向影響。讓健康的受試者食用馬鈴薯與韭蔥湯，其中加入/不加入5公克的黃芥末糠。於用餐後兩小時對飽足感與毛細血管血糖（capillary blood glucose）進行測量，添加芥末的組別血糖濃度顯著降低。

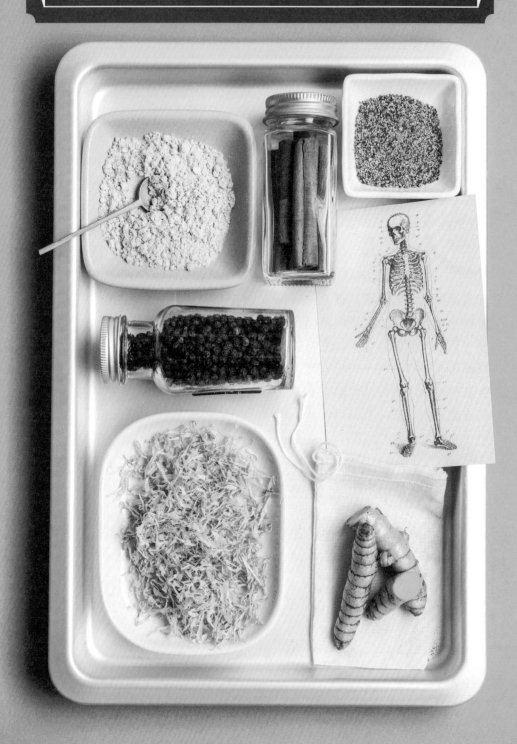

我們的皮膚是與外界互動最頻繁的器官。作為一個活躍與反應靈敏的器官，其必須應付各種影響與侵擾。皮膚亦能反映體內的狀況，包含荷爾蒙變化與肝臟功能。針對肝功能衰退或異常的患者、與接觸某種毒素的人，我們或許能注意到其皮膚產生的變化。在這些情況下，你會希望使用對內服與外用皆有幫助的香料。

黑胡椒、金盞花、肉桂、薑，與薑黃皆可以每日使用，以治療皮膚的內外在環境與改善其健康。這些植物辛辣的衝擊亦能幫助增進身體結締組織的循環與流動。

金盞花、薑黃，與薑都是可以考慮用於支持骨骼、關節與皮膚的絕佳香料。退化性關節疾病，如關節炎，在全世界相當普遍，使用薑與薑黃作為治療藥物的研究亦是備受矚目。

不同於常規藥物在症狀出現後服用，這些香料可以終生使用且具預防效果。將薑與薑黃搭配，以內服和外用的方式支持關節健康，已有悠久的歷史。薑的濕敷藥膏、熱薑貼布，與薑浴皆是治療關節疼痛的傳統應用方式。薑是一種對抗關節疾病的良好預防藥物，能藉由幫助減緩疼痛與腫脹以促進關節健康。生薑取得容易、價格親民，使其成為優秀的藥物選擇。

肉桂 *Cinnamomum spp.*

肉桂能有效處理皮膚、骨骼或關節的發炎反應，對於與慢性發炎相關的高血壓和血糖管理有正向影響。肉桂亦被證實對於類風濕性關節炎的治療有正面效果。一組病患連續8週每日攝取500毫克肉桂（共2公克），表現出數值明顯較低的C反應蛋白（C-reactive protein）、腫瘤壞死因子α（tumor necrosis factor alpha），與舒張壓。這些結果顯示著發炎反應減緩、與體內關節腫脹和脆弱的改善。

薑黃 *Curcuma longa*

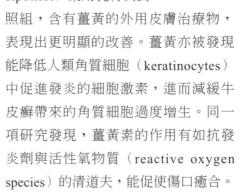

薑黃被證實有助於皮膚疾病，包含牛皮癬。在一項實驗中，相較於鈣泊三醇（calcipotriol）藥用乳膏與對照組，含有薑黃的外用皮膚治療物，表現出更明顯的改善。薑黃亦被發現能降低人類角質細胞（keratinocytes）中促進發炎的細胞激素，進而減緩牛皮癬帶來的角質細胞過度增生。同一項研究發現，薑黃素的作用有如抗發炎劑與活性氧物質（reactive oxygen species）的清道夫，能促使傷口癒合。

薑黃素亦被證實能促進細胞增殖、逆轉對皮膚細胞、纖維母細胞，與角質細胞的氧化損害，並加速表皮癒合。

薑 *Zingiber officinale*

薑因為其止痛與抗發炎效果而受到推崇。一項試驗發現，每日攝取生薑或煮過的薑，能明顯減輕24小時內由運動造成肌肉損傷而引起的疼痛。在一項兩階段的試驗中，受試者藉由重複運動肘屈肌以引發肌肉傷害，接著隨機且未知地被分配每日2公克的薑或安慰劑，連續進行11天。第一階段以生薑作為研究素材，發現運動後的24小時，肌肉疼痛減輕了25%。第二階段以加熱過的薑作為研究素材，疼痛減輕了23%。實驗組連續5天攝取4克薑，其運動後的疼痛指數、與代表肌肉損傷的血液指標物（肌酸激酶）皆較低。

另一項研究探討薑對於退化性關節炎病患的作用，120位患者被隨機分配每日攝取500毫克的薑粉或安慰劑，為期三個月。與安慰劑相比，這種接近食物的微劑量能減少患者體內的一些發炎因子。

金盞花 *Calendula officinalis*

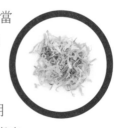

金盞花已長期被當作一種皮膚與軟組織的療癒劑，傳統以外部方式使用。其藥效在狀況嚴重時會很明顯，如輻射灼傷（與癌症治療相關）與胃潰瘍。一項研究將金盞花與食鹽水溶液外用於腿部潰瘍，以再上皮化（re-epithelialization）作為評量標準，並比較兩者結果。使用金盞花萃取物與中性基底製成的藥膏之病患，其潰瘍的總表面積於3週後縮減41%。以食鹽水溶液治療潰瘍的控制組病患，其總潰瘍面積僅縮減14%。金盞花亦可用於治療尿布疹。針對此部分，金盞花曾被與蘆薈進行比較，並展現明顯較優異的效果。除了外部應用，金盞花富含抗氧化劑，能以內服方式治療消化組織的發炎與受損。

黑胡椒 *Piper nigrum*

透過香料增進消化速率與營養吸收，亦能幫助皮膚、骨骼，與關節。骨骼是我們的根基，並且比多數人所理解得更具可塑性。骨骼能持續改變、重組，與再生，而非靜態的基礎架構。健康的骨骼是由我們飲食中的礦物質所構成，而身體能從食物中收集、與使用其所需的物質是很重要的。黑胡椒是增加食物中骨骼建造之成份其生體可用率的主角。黑胡椒含有鈣，並且能幫助身體提升鈣的攝取。（鈣含量相對較高的其他香料，包括芝麻、香薄荷、蒔蘿，與羅勒。）

創造平靜與專注

當我們與周遭的世界互動時，可能經常因為神經系統對所有訊息做出反應與回應，而使自身陷入困境。在忙於應付生活與日常壓力、設法讓自己免於陷入棘手的狀況之時，很少會有人覺得不需要一點幫助。如今，多數的我們需要獲得所有能取得的幫助！香料便是協助我們回歸平衡的無價工具。

談到保持清醒與專注，香料或許不是你第一時間所想，但你可能會驚訝地發現，這些風味十足的食品添加物能如何影響心理健康與幸福。我們開始日漸瞭解，某些心理健康狀況與全身性發炎有密切的關連——這正是香料可能適合介入的情況。此外，迷迭香等許多香料，對於認知與神經保護有直接且公認的效果。

根據當代醫學文獻與歷史久遠的療癒傳統可得知，於飲食中刻意規律地使用香料，對整體心理狀況、健康，與疾病預防有明顯的作用。這不表示香料能取代或優於藥物，然而以食物為基礎，攝取營養豐富、具抗氧化與抗發炎特性的香料，可能扮演著通往健康道路上的重要角色。對於有抑鬱或焦慮症狀的家庭，於日常飲食中加入香料會很有用。

消化道與大腦間的連結，通常稱作腸腦軸（gut-brain axis），是我們不斷在學習的有趣機制。多數的人都明白大腦會影響我們的消化道，並知道受到驚嚇或沮喪時，會造成胃與消化道的負面反應。我們瞭解慢性壓力會改變腸道功能，甚至導致大腸激躁症（IBS）。然而，並非每個人都能意識到腸道與消化道健康，會如何影響我們的心理層面。腸道發炎、甚至是急性腸道失衡，會對心理健康與幸福感帶來深遠的影響。利用香料與香草來鎮定和舒緩與腸道有關的消化症狀，是處理心理健康與幸福感的有效方法（見「強化消化作用」，頁95）。

薰衣草 *Lavandula angustifolia*

諸多研究支持，薰衣草的萃取物對於鎮定神經系統有正面影響。一項研究探討薰衣草精油之於高工作量的全職女性之作用，受試者回報其睡眠與生活品質均獲得改善。此外，使用薰衣草、快樂鼠尾草（clary sage）與甜馬鬱蘭複方精油的受試者，於上述兩項可測量的結果中，有更明顯的改善，顯示了協同作用的影響。精油的研究無法直接導向飲食的應用，卻提供了芳香療法的可靠證據，將少量薰衣草加入綜合香料或甜點，或許能帶來一些益處。

迷迭香 *Rosmarinus officinalis*

為了支持記憶與整體認知功能，於飲食中添加迷迭香會是出色的方法。其強烈的風味，特別是新鮮的時候，可說是萬用的，即使是½茶匙的平均烹飪劑量也能有顯著的藥用效果。已有研究證實，低劑量的迷迭香便能支持記憶功能。一項研究中，讓年長的成人（平均年齡75歲）接受四種不同劑量的迷迭香。接近正常烹飪攝取量的最低劑量（750毫克），能明顯改善記憶速度；而最高劑量（6000毫克）卻導致記憶速度受損。迷迭香精油也很有益，一項研究證實，與薰衣草精油或安慰劑相比，迷迭香精油能顯著提升記憶表現與警覺性。

神聖羅勒 *Ocimum sanctum*

神聖羅勒是一種適應原——能支持身體適應力，以對抗由壓力造成的影響之藥用植物。有鑑於我們忙碌的生活方式、與許多人承受的壓力程度，適應原是如今最為廣泛使用的部分藥用植物。在一項探討用神聖羅勒治療廣泛性焦慮症病患的研究中，患者以每日2次的頻率，攝取500毫克的神聖羅勒萃取物。於試驗結束時，患者的焦慮、壓力，與沮喪等症狀皆有明顯改善。此處攝取的500毫克神聖羅勒萃取物，約等同於一般食物製備所攝入的份量，如食用披薩上的幾片葉子、或1湯匙青醬。在另一項探討神聖羅勒之於認知健康的研究中，健康的成年受試者連續30天、攝取300毫克的神聖羅勒萃取物膠囊。並記錄幾項認知方面的改善，包含完成任務的過程中犯下較少錯誤、與降低皮質醇壓力荷爾蒙所造成的影響。意識到最好的適應原之一，竟然能如此簡單且美味地融入日常食物，真是令人興奮。

強化消化作用

　　儘管多數的香料都有利於消化作用，有少數特別突出。胡椒薄荷、小荳蔻、黑胡椒，與茴香是四種美妙的消化用香料。其美味、用途多樣性，與取得便利等特性，在全球各地深受喜愛。

　　香料是健康的消化作用不可或缺之要素。只要人們有烹調或製備食物的經驗，便會利用香料來增添風味、協助食物保存，與幫助消化。基於其芳香原理，幾乎所有的香料都能提供某種消化益處，不論是增加消化液分泌、優化消化力、減少脹氣與飽脹感，或是引發飽足感避免過度進食。我們的消化系統，需要抗衡與應付大量各種可能被扔進去的東西。並且，取決於其整體的平衡，它具有多元的能力以應付這些挑戰。

於烹飪中使用香料與選擇健康食物，這兩者之間大體上可能是有關連的。在一項研究中，教導中學的孩子有關藥用香料的課程，隨後追蹤他們對食物的選擇，持續數個月。接受過香料訓練的孩子於課程結束後，繼續食用更多的蔬菜與全穀類碳水化合物。亦有研究證實，食用大量含有香料的食物（本質上非辣的食物），會使人們更快覺得飽足，並可能會吃得較少。

當你想要優化消化作用時，有許多攝取香料的方式可以使用。最直接的便是在烹飪時將香料入食。小荳蔻、茴香，與薄荷都能鎮定胃部並幫助消化；黑胡椒則能幫助吸收。亦可嘗試將其做成餐後酒、利口酒，或是茶。

黑胡椒 *Piper nigrum*

黑胡椒內的有用物質之一，是稱作胡椒鹼（piperine）的生物鹼，能刺激胰臟所分泌的消化酵素。胡椒鹼在研究中展現多種作用，例如減少食物傳遞的時間、增加消化能力，與保護消化道免於氧化損傷和壓力。較高劑量的胡椒鹼，會改變所服用的藥物之生體可用率，是需要考量的部分。多數情況下，於攝取胡椒鹼前/後的數小時再服用藥物，即可避免此影響。

有證據支持黑胡椒有益於組織健康。一項研究探討用黑胡椒改善口腔黏膜組織的健康。在持續三個月攝取薑黃與黑胡椒後，患有口腔黏膜下纖維化的病患，感受到發炎反應改善與灼燒感的減輕。這對於將黑胡椒用在頑固病症，如阻塞或纖維組織增生而言是個好現象。另一項針對口腔健康的研究顯示，當患有慢性牙周病的患者，使用以黑胡椒、石榴皮，與無毒硫酸銅製成的草本漱口水後，其減少微生物數量與非侵入性控制慢性牙周病的效果，與一般處方漱口水相同，而且無任何副作用。

薄荷 *Mentha spp.*

一項探討將薄荷油用在治療大腸激躁症（IBS）的臨床試驗顯示，症狀獲得了明顯改善。大腸激躁症患者連續4週每日攝取2顆薄荷油膠囊，並針對腹脹、腹痛或不適、腹瀉、便秘、排便未完全、排氣或黏液，與排便急迫或疼痛等項目進行評估。4週後，有75%的實驗組病患，感受到症狀緩解的程度達50%或更高，相較之下，服用安慰劑的對照組只有38%覺得症狀有所緩解。

臨床證據顯示，薄荷油對於減輕一些常見大腸激躁症的症狀效果中庸，特別是脹氣、腹痛，與腹脹，亦可能有效治療非潰瘍性消化不良。經常性胃食道逆流或許是薄荷無法幫上忙的消化症狀。薄荷藉由放鬆食道括約肌，以釋放來自消化道的氣體與壓力。然而在胃酸逆流的情況下，這種效果是不樂見的。若你有胃食道逆流的傾向，不妨試試你對薄荷會有什麼反應。

茴香 *Foeniculum vulgare*

一項研究證實，茴香籽的精油能在30天的療程中，顯著改善大腸激躁症的症狀與整體生活品質。由於此個別研究使用的是精油，其結果不等同於使用茴香籽本身。儘管精油是種籽的重要成份，有些預防措施需加以考慮。萃取的精油通常只帶有全株植物少部分的藥效成份。分離後的精油在體內有特定作用的目標。此外，由於精油含有相當高劑量的揮發油，所有的精油都具有某種程度的毒性，必須少量使用（譯注：此處應指口服情況）。相較之下，無論是使用整顆或磨成粉末的茴香籽，你會以更安全的形式獲得完整的藥用成份，免去使用精油時伴隨的安全顧慮。

小荳蔻 *Elettaria cardamomum*

小荳蔻是一種溫暖的驅風劑，能消除脹氣與腹脹、改善消化，還能抗痙攣。其風味香甜可口，然而必須少量使用，以免過於強烈。減少壓力並支持神經系統的環境，能反過來創造更平靜的消化作用。這不代表整體神經系統的平靜，對於理想的消化作用而言是必要的。若你患有特發性的慢性或持續性消化問題，或許會為了神經系統將香料列入考慮（見「創造平靜與專注」，頁92）。

平衡流動以維持腎臟健康

腎臟的重要性很容易被遺忘，直到我們遭遇了與其相關的健康考驗。我們的腎臟與許多不同面向的健康（或疾病型態）有所關聯，包括血壓、腎結石、痛風、泌尿道感染，與人生各階段會發生的常見疾病。一旦出現上述症狀，大多需要各式的干預措施來處理，特別是在後期的人生階段，因此預防乃是關鍵。

許多與腎臟相關的慢性疾病都有深層的根源，由香料飲食所提供的預防對策，很適合具有腎臟家族病史的人。曾

患有腎結石並希望預防復發的人、有高血壓或痛風的人，或許能從定期使用香芹、芹菜籽，與鼠尾草當中受益。

香芹 *Petroselinum crispum*

香芹是一種美好的腎臟滋補劑，對於幾乎所有影響腎臟的症狀都極有幫助。它是溫和的利尿劑，具有抗微生物作用，能幫助輕微泌尿道感染。香芹對於容易水腫、與具有罹患腎結石傾向的人亦有幫助。

芹菜籽 *Apium graveolens*

少量的芹菜籽被證實能有效治療痛風。這種與腎臟健康有關的常見疾病，會導致尿酸集中在身體末梢區域——通常是腳、腳踝，與腳趾，並引起劇烈疼痛。儘管應付痛風，需要處理飲食與生活方式的顧慮，但芹菜籽能協助優化腎臟功能與排除尿酸，以減輕痛風的不適。

鼠尾草 *Salvia officinalis*

若你將身體想像成一片海洋，鼠尾草便具備太陽炙熱的能力。當身體產生過多或不良的液體時，傳統便會利用鼠尾草使其乾燥。例如，哺乳期結束時，鼠尾草能協助使母乳乾涸。亦能減少出汗，特別是針對更年期潮熱，已長期使用鼠尾草治療。一項試驗以50-65歲、每天經歷至少5次潮熱的更年期女性做探討。她們被給予每日250毫克的鼠尾草萃取物（相當於3.4公克的新鮮鼠尾草葉片），接著以輕微、中等、嚴重，或非常嚴重為指標，記錄每日潮熱頻率與強度的任何改變。結果顯示，前四週內潮熱發生次數平均減少了50%；而八週結束時，則減少了64%。此外，潮熱的強度亦有減弱，包含嚴重潮熱減弱79%、極度嚴重潮熱減弱100%；中度、嚴重、與極度嚴重潮熱的相對比例全部都有減少。一項研究探討以雄激素剝奪療法（androgen deprivation）治療前列腺癌患者的潮熱現象，亦顯示類似的結果。注意，若你已經患有黏膜乾燥的症狀，如乾眼症、陰道乾燥，或正在哺乳，鼠尾草對你而言或許不是最好的香料。

人類族群正經歷心血管與相關代謝疾病的大流行。於飲食中添加一些香料，有如用一把短小的劍在對抗心臟疾病，但你可能會對其所能產生的效果感到意外。研究顯示，單純於飲食中添加香草和香料，能為心臟健康帶來深切與持久的效果。同時多數的香料可以安全地與藥物兼容並用，因此不會限制了藥物治療的選擇。

儘管許多與心臟相關的疾病具有遺傳性，其它的則是透過生活方式與環境而代代相傳。香料的使用可以作為多世代治療退化性疾病的方法之一。將香料加入家庭餐食，能為人生後期產生的某些疾病提供防護，並且在過程中維持最佳健康狀態。肉桂、大蒜、薑黃，與孜然，都是為了心臟健康，能在料理時加入鍋中的美味添加物。

肉桂 Cinnamomum spp.

肉桂已被證實能幫助調節血糖濃度，對於糖尿病前期患者、或擔心罹患糖尿病的人甚有幫助。針對糖尿病前期或罹患糖尿病的人而言，單獨使用肉桂、或與傳統血糖管理藥物併用，皆顯示出有益的作用。肉桂的接受度高、安全、普遍受到喜愛，且攝取容易。即便沒有每日攝取，研究建議規律地飲食運用——意味著將肉桂入食，亦具有正面效益。肉桂顯示出能在飲食後調節血糖濃度的作用，甚至對於沒有糖尿病或非糖尿病前期的人亦是如此。

在一項由美國糖尿病協會進行的研究中，針對幾種代謝症候群的指標，比較不同劑量的肉桂與安慰劑之影響。代謝症候群是因叢發性的生化與生理異常，導致心血管疾病與第二型糖尿病的產生。病患被分別給予1公克、2公克，與3公克劑量的肉桂，每日2次，持續40天。試驗結束時，每組的三酸甘油酯、低密度脂蛋白膽固醇（LDL-C），與總膽固醇含量皆有降低的現象。最高劑量的肉桂並非總有最大幅度的改變；每日1公克的組別，其三酸甘油酯的濃度改善最明顯；而每日2公克的組別，則是總膽固醇與低密度脂蛋白膽固醇的改變幅度最大。因此，量多不一定代表更好，養成規律使用肉桂的習慣才是上策。

大蒜 Allium sativum

大蒜在每個關注心臟健康的廚房，都值得佔有一席之地。對於心血管系統來說，它是一種多面向的重量級藥物。在不同臨床試驗的整合分析中，證實了大蒜比安慰劑更能明顯地降低總膽固醇含量。

一項為期兩年的研究，將大蒜以熟成萃取物的形式，與維他命（B12、

B6，和葉酸）和L-精胺酸併用，探討其減緩動脈粥狀硬化（atherosclerosis）的能力。動脈粥狀硬化是因脂肪堆積於動脈壁而產生的發炎症狀。攝取大蒜的組別在氧化生物標記上有顯著的改善，伴隨著總膽固醇、低密度脂蛋白膽固醇、三酸甘油酯，與C反應蛋白含量的減少；此外，還有高密度脂蛋白膽固醇（HDL-C）含量的增加。這些結果顯示大蒜有助於減緩動脈粥狀硬化的發展。

薑黃 *Curcuma longa*

薑黃素為薑黃的活性成份，在一項探討其對血脂之作用的臨床試驗中，受試者先接受血清測量，並於接下來的一週，每日給予0.5公克薑黃素，並再次測量血脂濃度。結果顯示血清中的脂肪含量平均下降33%、總膽固醇平均下降11%、三酸甘油酯平均下降7%、同時高密度脂蛋白含量平均增加29%。這個不高的劑量，可以透過每日將1茶匙薑黃加入食物而輕鬆攝取。為了確保薑黃的生體可用率，將其與黑胡椒和高品質的脂肪併用效果最佳。

薑黃素亦被證實能阻止糖尿病前期轉變至第二型糖尿病（T2DM）的過程。通常，被診斷出罹患糖尿病前期的人，目標都是透過飲食建議、藥物與生活方式的調整，以防止發展成糖尿病。一項研究檢視將薑黃素單獨用於糖尿病

前期患者的作用。受試者就該疾病的不同指標進行評估，隨後給予每日劑量的薑黃（250毫克類薑黃素）或安慰劑，並且每三個月重新評估一次，直到試驗結束。九個月後的結果顯示，服用薑黃素的組別在以下指標有明顯的改善：口服葡萄糖耐量試驗（OGTT）、空腹血糖（FPG）、糖化血色素（HbA1c）、c-胜肽（c-peptide），與胰島素阻抗之穩態模型測試（HOMA-IR）。這些指標在服用薑黃的實驗組皆有所下降；而服用安慰劑的對照組卻有上升或維持不變的情況。服用薑黃的實驗組其 β 細胞功能在穩態模型測試中有所增加；而服用安慰劑的對照組卻是減低。九個月結束後，服用安慰劑的組別有16%的人被診斷出發展成第二型糖尿病；而服用薑黃的實驗組卻一個都沒有！

孜然 *Cuminum cyminum*

在一項臨床試驗中，78位年齡介於18-60歲的肥胖人士，以每日3次的頻率，分別被給予孜然膠囊、處方減肥藥、或安慰劑，持續8週。試驗結束時，相較於服用安慰劑的對照組，攝取孜然籽與服用藥物的兩個實驗組，其體重與身體質量指數（BMI）皆有明顯下降。攝取孜然亦使得血清中的胰島素含量顯著減少。

輕鬆呼吸以維持呼吸道健康

若你患有呼吸道感染、有點鼻塞、過敏，或是氣喘，香料或許不是你第一個想到的方法，但將特定的香料用於呼吸道保健卻有著長遠的歷史。薄荷、百里香與薑皆能幫助促進循環、減少發炎反應，並支持內源性的排毒過程，有益於維持呼吸道健康。

利用香料支持呼吸系統有幾種不同的方式。食物與飲品中的應用，能有效達到廣泛的預防作用，與治療急性症狀。熱水萃取物或浸泡茶，也可以具有療效。一杯熱的胡椒薄荷茶，有助於因季節性花粉所引起的呼吸道充血。

薄荷 *Mentha spp.*

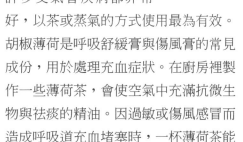

在所有不同品種的薄荷中，胡椒薄荷是呼吸道保健的首選。胡椒薄荷富含芳香油脂，對許多支氣管疾病都非常好，以茶或蒸氣的方式使用最為有效。胡椒薄荷是呼吸舒緩膏與傷風膏的常見成份，用於處理充血症狀。在廚房裡製作一些薄荷茶，會使空氣中充滿抗微生物與祛痰的精油。因過敏或傷風感冒而造成呼吸道充血堵塞時，一杯薄荷茶能

具有溫和清除與祛痰的作用。對於有氣喘的人而言，也是很好的常備日用滋補品。

蒸氣等外用方式也可以有效地到達肺部。蒸氣能將香料的好處直接傳遞至肺部，對於呼吸道感染或充血是非常好的。

適用於草藥蒸氣的一些最佳香料，包括百里香、胡椒薄荷，還有薑（迷迭香、鼠尾草，與茴香也是好的選擇）。上述的任何香料，無論是單獨或混合使用都很合適，並且有幫助。我曾見過用於呼吸道保健的精油，但我發現它們可能會有吸入的困難，並且容易灼傷或刺激眼睛與皮膚。以蒸氣的形式使用香料較安全、溫和、平價，並且需要時更容易取得。

製作呼吸用的蒸氣，會需要單方或綜合香料、裝熱水的大碗，與一條毛巾。挑選一張桌子，可以讓你舒服地安放一張椅子坐在旁邊，將碗放在桌上，倒入2杯滾水，加入約1湯匙的香料。覺得安全無虞時，儘速吸入蒸氣。請小心──蒸氣剛開始可能非常熱，會燙傷你的皮膚。若要進行的對象是孩童，務必用自己的皮膚先測試蒸氣的溫度，並在安全的時候告訴他們。當你覺得溫度適宜時，將毛巾蓋在頭上以捕捉蒸氣，接著吸入蒸氣數分鐘。

薑 *Zingiber officinale*

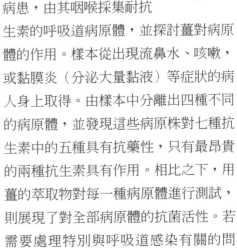

有不少研究著重於薑在呼吸道疾病中的抗微生物作用。一項體外研究針對呼吸道感染的病患，由其咽喉採集耐抗生素的呼吸道病原體，並探討薑對病原體的作用。樣本從出現流鼻水、咳嗽，或黏膜炎（分泌大量黏液）等症狀的病人身上取得。由樣本中分離出四種不同的病原體，並發現這些病原株對七種抗生素中的五種具有抗藥性，只有最昂貴的兩種抗生素具有作用。相比之下，用薑的萃取物對每一種病原體進行測試，則展現了對全部病原體的抗菌活性。若需要處理特別與呼吸道感染有關的問題，請參見「強健免疫保護與防禦能力」（頁84）關於抗微生物的討論。

薑對於卡住或頑固的黏液很有用。這種辛辣的根莖植物有如「搬運工」──比經典的祛痰劑更為貼切，其溫熱的特性是身體遭受風寒、或有瘀塞時的良好選擇。使用生薑能帶來平衡，因為其兼備濕潤與溫暖的特質，是完美的肺部滋補劑。乾薑辛辣且乾燥，用於滋養或療癒肺部組織的不適症狀，會是棘手的組合，因為肺是天生濕潤的，你不會想要讓它變乾燥。

薑茶（將生薑片以滾水煮約十分鐘）是利用薑支持呼吸系統最好的方法之一。任何以食物為基礎、含大量新鮮薑末的方法，亦是很好的選擇，例如「熱薑汁檸檬飲」（頁152）或「辛辣奇蹟薑餅」（頁123）。

薑對於與感染有關的嚴重呼吸病症，亦顯示正面的效果。在一項檢視薑與肺結核應用的研究中，隨機指派正在接受標準抗結核治療的患者，每日攝取3公克的薑或安慰劑，為期一個月。與安慰劑的對照組相比，一些發炎反應的指標（該疾病的主要徵兆）在薑的實驗組中顯著減少，證實了薑的抗發炎與抗氧化作用。

百里香 *Thymus vulgaris*

所有地中海地區的香草都具有廣泛的抗微生物作用，特別有助於應付呼吸系統。百里香、鼠尾草、迷迭香，與奧勒岡，皆可以用來支持呼吸系統的健康——一起使用效果甚至更好。當可能因感染原造成充血、或是罹患開放性呼吸道疾病，這些草藥都是有效的。

一項臨床試驗透過支氣管炎患者探討百里香的祛痰作用。受試者必須至少連續十個白天表現出咳嗽症狀，並且伴隨減弱的咳痰能力。

接著參與一個維持11天的療程，每日服用3次百里香與長春藤糖漿，總量為16.2毫升，其中含有15%的百里香萃取物與1.5%的長春藤萃取物。與對照組相比，咳嗽狀況在百里香的實驗組平均減少了68%，且咳嗽狀況減少至一半的時間，比對照組快了兩天。此外，百里香實驗組的整體復原情況也比對照組迅速。

特殊健康症狀與其對應香料

	黑胡椒	金盞花	小荳蔻	芹菜籽	辣椒	肉桂	孜然	茴香	大蒜
焦慮與抑鬱									
心血管					X	X	X		X
膽固醇						X	X		X
糖尿病					X	X	X		X
幼兒消化支持			X				X	X	
胃部滋補	X		X		X	X	X	X	
痛風		X		X					
潮熱									
高血壓									X
免疫支持					X				X
感染		X							X
發炎		X			X	X			X
關節疾病	X				X	X			
腎臟滋補		X		X					
記憶	X					X			
神經保護						X			
口腔健康	X	X							
呼吸道感染		X			X				X
呼吸道滋補		X							
飽足感					X				
皮膚健康與療癒		X							
壓力管理									

薑	神聖羅勒	薰衣草	薄荷	芥末	香芹	迷迭香	鼠尾草	百里香	薑黃
	X	X	X			X			X
X	X			X		X			X
X	X			X					X
X	X								X
X			X						
X			X	X					X
	X			X	X		X		
	X	X	X			X	X		
		X			X				X
X	X			X					X
X	X						X	X	X
X	X	X	X	X		X			X
X									X
					X		X		
	X	X	X	X		X			
X	X	X				X			
							X	X	X
X			X	X		X	X	X	X
X	X		X	X		X		X	
		X							X
	X	X	X			X			

第 **5** 章

食譜

製作乾燥綜合香料是一種讓生活充滿香料的簡單方式，又不會過於麻煩。從本章節列舉的綜合香料開始，你可以進一步實驗與探索，依照個人口味偏好或療效，進行替換或增添香料。你也會發現一些將綜合香料入食的建議，與幾道收錄新鮮香草和香料的簡易食譜。

每天一點香料

為了健康而使用藥用香料，並沒有許多硬性規定。只要攝取足以發揮作用的每日劑量，至於食用方式、種類，與時間長短皆可不同。本章節列舉的食譜，可作為開始將香料用於日常生活的概念與出發點。請隨意發揮、替換、添加、去除，或更改它們。我的主要建議是長期每日食用一點香料。只要做好綜合香料，便能容易地將其加入烹調或是鮮食。

調配綜合香料

數個世紀以來，某些特定的香料會被組合成美味又療癒的綜合香料。這些香料有許多都很常見——如秋季派餅中的肉桂與丁香、或是義大利料理中的大蒜、羅勒，與奧勒岡——不過調配綜合香料這門藝術需要一些知識。

以風味進行調配

瞭解何種風味能精確地協調，需要具備訓練有素的味覺，或是熟悉於某種文化的烹飪傳統。若缺乏對每一種香料其風味與表現的良好基礎，很難想像它們該如何搭配。不過有些簡單的準則，例如，原生於特定地區、或是傳統被共同用於烹飪的香料與香草，通常是出色的搭檔。

若想要開始混合香草和香料，留意你正在烹調的菜色、或是最喜愛的菜餚來自於世界上哪一個地區，會是一個聰明的作法。通常，原生於一個地區的香料，亦會被頻繁地用在當地的傳統菜色中。許多香料已經傳遍全球——特別是大蒜、薑、辣椒，與胡椒，並且在世界各地的料理中展露頭角。在嘗試何種香料適合搭配作成綜合香料時，選擇相同地區或單一料理的少數香料，會是一個好的起點。

以健康目標進行調配

假設你的目標是為了健康益處，希望在飲食中加入某種特定香料，便得考慮香料的性質。它是甜的、辣的、刺激的，還是苦的？食用該香料時，在體內是否具有發熱的效果（如胡椒、大蒜，或是薑）；亦或是帶來冷卻與鎮靜的作用（如薄荷和金盞花）？從而尋找相似或互補的風味。將香料的本質特性納入考量，便能開始瞭解何種香料可能適合搭配成綜合香料。更多關於香料與特定健康目標的介紹，詳見頁106。

你也可以尋找原生香料（頁6）與被用於地區性料理的香料（頁112）。例如，若你想嘗試攝取定量的薑黃，請記得它在印度次大陸被普遍使用，可能會與該地區其它的原生香料、或傳統上被使用的其他香料，如孜然、薑、辣椒，與大蒜等搭配良好。

不要害怕擁有創造力和嘗試新事物。以少量混合開始，記錄運作的狀況。記得，將綜合香料加入食物烹煮時，可能會獲得最佳的風味。最重要的是，享受調配綜合香料，與其共同作用的方式，並且樂於發掘你喜愛的新組合！

乾燥的綜合香料

乾燥的綜合香料是增加整體香料攝取量、或確保獲得特定香料之藥用劑量的絕佳方法。在趕時間或是無法取得新鮮香料時，隨手抓一瓶或一袋喜歡的綜合香料是簡單又有效的方式。綜合香料可以於烹飪時加入食物，許多種類甚至可以加入現成的食物。我喜歡在廚房的桌上放幾罐最喜愛的綜合香料罐，無論吃什麼都可以灑一點。

製作乾燥的綜合香料時，以相同的型態將所有香料混合尤佳。因此，全部都是粉末/切碎過篩的型態。然而，有些乾燥香料只有販售粉末，如薑。若想使用薑製作切碎過篩的綜合香料，也是可以的。只要知道粉狀的香料會沈到罐子或袋子底部，使用前將容器搖晃或攪拌是很重要的。

使用綜合香料入食

香料能將平凡的菜餚提升成美妙且令人難以忘懷的事物。儘管新鮮香草總是充滿樂趣，但在一年中的某些時間，可能難以取得或價格昂貴。乾燥香料提供了廣泛的選擇，並且能容易地常備在手邊用於每日餐點。世界上的文化都曾經利用綜合香料，創造出獨特且具代表性的菜餚，你要做到這一點也不困難。將綜合香料入食，除了風味可口，還帶有藥用效力。

儘管討論到健康效益所需要的香料劑量，偏好以每日所需的公克數來表示，前提是必需有能微量測量的電子秤。多數人認為烹飪時，用茶匙與湯匙計量會更容易一些。然而，用茶匙與湯匙計量，會因香料的型態而產生極大差異，特別是若你使用切碎過篩的種類而非粉末。為了簡便起見，「**藥用方式及劑量**」（頁80）以公克表示每種香料建議的每日治療性劑量，並提供約等量的茶匙或湯匙數作參考。

全球綜合香料之風味概述

北美洲常見綜合香料

燒烤香料、肯瓊香料
（Cajun）

試試這些

多香果

胭脂樹

月桂

辣椒

柑橘

可可

孜然

蒔蘿

土荊芥

大蒜

杜松

洋蔥

奧勒岡

胡椒粒

北美檫樹

香草

加勒比海常見綜合香料

牙買加煙燻香料（Jerk）、
西印度咖哩

試試這些

多香果

小荳蔻

辣椒

肉桂

丁香

大蒜

薑

肉荳蔻種皮

肉荳蔻

胡椒粒

百里香

拉丁美洲常見綜合香料

墨西哥莫雷辣醬（Mole，
綠醬、紅醬、黑醬、
棕色醬）、辣椒粉

試試這些

多香果

胭脂樹

月桂

辣椒

香菜

柑橘

丁香

可可

芫荽籽

孜然

土荊芥

大蒜

奧勒岡

胡椒粒

香草

非洲常見綜合香料

杜卡綜合香料（Dukkah）、
摩洛哥綜合香料（Ras el
hanout）、柏柏爾綜合香料
（Berbere）

試試這些

印度藏茴香

大茴香

阿魏

小檗（Barberry）

小荳蔻

畢澄茄

孜然

天堂椒/非洲荳蔻

蓽拔

黑種草

芝麻

羅望子

北歐與中歐
常見綜合香料

香草束（Bouquet garni）、
精緻混合香草
（Fines herbes）

試試這些

月桂

葛縷子

小荳蔻

芹菜籽

細葉香芹

細香蔥

肉桂

丁香

芫荽籽

蒔蘿

茴香

葫蘆巴

大蒜

薑

辣根

杜松

薄荷

肉荳蔻

橙皮

紅椒粉

胡椒粒

罌粟

番紅花

八角

龍蒿

地中海地區
常見綜合香料

巴哈拉特香料（Baharat）、
摩洛哥綜合香料

試試這些

大茴香

羅勒

月桂

細香蔥

茴香

葫蘆巴

大蒜

薰衣草

馬鬱蘭

薄荷

芥末

奧勒岡

香芹

胡椒粒

迷迭香

番紅花

鼠尾草

龍蒿

百里香

南太平洋常見綜合香料

辣椒粉、中式五香粉、葛拉
姆馬薩拉香料
（Garam masala）

試試這些

辣椒

芫荽籽

高良薑

大蒜

薑

羅望子

薑黃

中東地區常見綜合香料

中東綜合香料（Zaʾatar）

試試這些

多香果

黑孜然

葛縷子

小荳蔻

肉桂

丁香

孜然

大蒜

薑

薄荷

黑種草

肉荳蔻

奧勒岡

香芹

胡椒粒

番紅花

芝麻

鹽膚木

百里香

薑黃

印度次大陸常見綜合香料

薑黃咖哩、文達盧咖哩
（Vindaloo）

試試這些

印度藏茴香

多香果

阿魏

月桂

小荳蔻

辣椒

肉桂

橙皮

丁香

芫荽籽

印度次大陸
常見綜合香料，*續*

孜然

茴香

葫蘆巴

大蒜

薑

薄荷

芥末

胡椒粒

芝麻

薑黃

亞洲常見綜合香料

綜合綠咖哩、黃咖哩、紅
咖哩，與瑪莎曼（Massa-
man）咖哩辣醬

試試這些

羅勒

辣椒

香菜

肉桂

橙皮

丁香

芫荽籽

高良薑

大蒜

薑

香茅

芥末

胡椒粒

芝麻

八角

羅望子

山葵

用份數計量

本書裡的乾燥綜合香料配方以份數計量，是一種草藥學中的常用技巧。此方法可以隨意擴充，並依照比例輕鬆製備最小、或最大量的綜合香料。每「份」等同於所選擇的度量單位之「一單位」。例如，若調配一種綜合香料需要2份乾燥羅勒、2份乾燥香芹，與1份蒜粉——並且你決定要大量製作此綜合香料，即可選擇½杯作為「份」的度量單位。因此，若配方需要2份乾燥羅勒，便可以使用2份的½杯羅勒（共1杯），乾燥香芹亦是如此，接著是½杯蒜粉。若想製作份量較少的綜合香料，或許可以用茶匙作為「份」的度量單位。此時，你會使用2茶匙羅勒、2茶匙香芹，與1茶匙蒜粉。基本上，配方就是將每種香料，以正確比例製成綜合香料的指南。

可擴充的份數			
香料	以份數表示	少量製備	大量製備
羅勒葉	2份	2茶匙	2 x ½杯（共1杯）
香芹葉	2份	2茶匙	2 x ½杯（共1杯）
蒜粉	1份	1茶匙	½杯
混合後總量	不適用	5茶匙	2½杯

每日萬用綜合香料

全面性的滋補劑，可用於抗發炎、支持心臟、腎臟，與呼吸道健康

此綜合香料幾乎加入任何菜餚都很美味，可以用於烹調，或是直接灑在料理的成品上。適合放在餐桌上，當作常備品的理想綜合香料。其用途廣泛且彈性，可以自由省略較不偏好的材料。我最喜歡的用法之一，是在製作歐姆蛋時，加入蛋汁裡。

2份乾燥迷迭香

2份乾燥鼠尾草

2份薑黃粉

4份紅椒粉/安可辣椒粉

8份乾燥羅勒

4份蒜粉

2份乾燥檸檬皮

8份乾燥神聖羅勒

1份海鹽（選用）
2份現磨黑胡椒

無酒精血腥瑪麗

份量：1份

每份劑量：黑胡椒 1.3 公克 | 乾燥羅勒 1.2 公克 | 大蒜 3 公克 | 神聖羅勒 1.2 公克 | 紅椒粉 / 安可辣椒粉 2.6 公克 | 迷迭香 0.7 公克 | 鼠尾草 0.4 公克 | 薑黃 1.2 公克

你會訝異於一杯番茄汁可以含有多少藥用香料！這杯無酒精版本的經典血腥瑪麗可以依照個人喜好，增加或減少香料。

2 湯匙每日萬用綜合香料

450 公克番茄汁（或其他綜合蔬菜汁）

辣醬（選用）

裝飾用芹菜、小番茄或小黃瓜（選用）

1. 將2湯匙每日萬用綜合香料拌入番茄汁，可依口味添加更多。

2. 若想要，可加入適量辣醬。將混合物倒入玻璃杯。

3. 自由選擇於玻璃杯放上芹菜或其他裝飾，上桌。

草本醬汁

份量：6 份

每份劑量：黑胡椒 0.1 公克 | 辣椒 0.23 公克 | 大蒜 0.25 公克 | 神聖羅勒 0.1 公克 | 迷迭香 0.07 公克 | 鼠尾草 0.03 公克 | 薑黃 0.1 公克

這個濃郁美味的醬汁，藉由橄欖油與香料帶來豐富的風味，可淋在肉類、豆腐，或一些根莖類蔬菜泥上。

¼ 杯奶油或橄欖油

1 顆中型洋蔥，切碎

¼ 杯無漂白中筋麵粉或燕麥粉

3 杯蔬菜或雞高湯

2 湯匙醬油或溜醬油（Tamari）

1 湯匙伍斯特醬（Worcestershire sauce）

1 湯匙每日萬用綜合香料

¼ 茶匙現磨黑胡椒

1. 將一半的奶油放入深平底鍋，以中火加熱融化。加入洋蔥翻炒約12分鐘，至開始上色。加入剩餘的奶油使其融化。慢慢地加入麵粉，持續攪拌以確保未沾黏鍋底，至洋蔥完全裹上麵粉，繼續烹煮約30秒。

2. 加入高湯、醬油、伍斯特醬，與每日萬用綜合香料，攪拌至混合物幾近沸騰。繼續攪拌約10分鐘，或達到偏好的質地。以適量的鹽與胡椒調味，立即上桌。

派餅回憶綜合香料

支持心臟健康、穩定血糖、溫暖消化

這款香料經常被用於美味的秋季食物，如烤蘋果奶酥與南瓜派，能提供心血管顯著的益處。此綜合香料能讓肉桂與薑發揮最大的藥效，並且有無窮無盡的使用方法。試著將其加入早餐的麥片或優格、用於南瓜派、灑在地瓜上，或者舀一些拌入拿鐵或溫杏仁奶。

4份 薑粉

16份 肉桂粉

1份 現磨黑胡椒

2份 丁香粉

1份 小荳蔻粉

肉桂蘋果燕麥餅乾

份量：4 份

每份劑量：黑胡椒 0.4 公克 | 小荳蔻 3.3 公克 | 肉桂 3.9 公克 | 丁香 0.5 公克 | 薑 1.1 公克

這款不太甜的蘋果燕麥餅乾可以當作完美的健康甜點，或是搭配優格做成美味的早餐。可以添加燕麥量，做成更健康的餐點。

3 湯匙派餅回憶綜合香料

3 湯匙楓糖漿

8 顆蘋果，去核、切楔形（若想要可以削皮）

2 杯傳統燕麥片

½ 茶匙鹽

½ 杯融化椰子油或奶油

1. 將烤架置入烤箱中央，預熱至攝氏175度。準備8吋方形烤盤抹油。

2. 於大碗內，將蘋果、1湯匙派餅回憶綜合香料與1湯匙楓糖漿混合。倒入備用的烤盤，均勻鋪開。

3. 用空出來的碗，將燕麥、鹽，與剩餘2湯匙的派餅回憶綜合香料充分混合。加入油和剩餘2湯匙楓糖漿，攪拌均勻。

4. 將燕麥混合物鋪在蘋果上，烘烤25-30分鐘，至表面呈金黃色且蘋果軟化。可溫熱或冰涼食用。

肉桂香料果凍

份量：4 份

每份劑量：黑胡椒 0.25 公克 | 小荳蔻 0.2 公克 | 肉桂 2.6 公克 | 薑 0.75 公克

這些 Q 彈的果凍軟糖不但健康，而且是用天然原料製成。嘗試加入不同的香料、果汁，
或水果——太好玩了！

1 杯蘋果酒或無過
濾蘋果汁

1½ 湯匙原味吉利丁
或洋菜

2 湯匙派餅回憶綜
合香料

1. 將蘋果酒倒入小型深平底鍋，加熱至沸騰。離
火，加入吉利丁攪拌至完全溶解。拌入派餅回
憶綜合香料。

2. 將混合物倒入4吋圓形或方形的烤皿或矽膠模
型。放入冷藏至少2小時，至完全定型。將成
品切成小塊或用餅乾模具塑形。冰鎮食用或以
冷藏保存。

辛辣奇蹟薑餅

份量：6 份

每份劑量：黑胡椒 0.12 公克 | 小荳蔻 0.1 公克 | 肉桂 1.15 公克 | 薑 2 公克 | 芥末 1 公克

這款薑餅與其說它甜，倒不如說是香辣，會撩撥你的舌頭！搭配打發鮮奶油便是一款令人驚艷的甜點。

---

6 湯匙奶油

⅓ 杯現磨薑末

½ 杯糖蜜

¼ 杯蜂蜜

1 杯原味全脂優格

1 顆蛋

1 杯無漂白中筋麵粉

1 杯全麥麵粉或燕麥粉

4 茶匙派餅回憶綜合香料

1½ 茶匙小蘇打粉

1 茶匙芥末粉

¼ 茶匙鹽

1. 將烤架置入烤箱中央，預熱至攝氏175度。準備8吋方形烤盤抹油。

2. 取一個小煎鍋，以中小火融化奶油。將薑末炒至香味釋出但未上色。置於一旁冷卻。

3. 把糖蜜與蜂蜜倒入小碗，用手持攪拌器以高速攪打均勻，約2-3分鐘。加入優格和蛋，攪打均勻，需要再2分鐘。加入冷卻的薑混合物。

4. 於大碗內將中筋麵粉、全麥麵粉、派餅回憶綜合香料、小蘇打粉、芥末粉與鹽混合。於中央挖一個洞，倒入濕性食材混合。注意不要過度混合，否則會做出扁平的薑餅。

5. 將麵糊平鋪於備用的烤盤。烘烤30-35分鐘，至輕壓頂部會回彈即可。可溫熱或冰涼食用。

綠色精華綜合香料

如同抗發炎劑，可支持心臟健康並維持
腎臟健康、鎮定與滋養

這款綜合香料特別適合加入香濃的基底，做成沾醬
或沙拉醬——可以使用希臘優格、奶油乳酪、美乃
滋、白脫牛奶、酸奶油，甚至是素食堅果起司。使
用時，不如以大把加入取代茶匙！

2份 薑黃粉

8份 乾燥神聖羅勒

4份 乾燥金盞花瓣

4份 蒜粉

8份 乾燥細香蔥

適量海鹽（選用）

綠色精華沙拉醬

份量：1¼ 杯

每日單批劑量：黑胡椒 0.6 公克 | 金盞花 0.3 公克 | 大蒜 1.8 公克 | 神聖羅勒 1 公克 | 香芹 0.8 公克 | 薑黃 1 公克

這款沙拉醬亦是蔬菜或麵包的絕佳沾醬。若使用優格，像希臘優格這種較濃稠的類型是最好的。選擇性加入的小黃瓜碎，能做成特製的香料風味希臘黃瓜優格醬（tzatziki sauce）。

1 杯原味全脂鮮奶優格或希臘優格

1 根小黃瓜，去籽切碎（選用）

2 湯匙綠色精華綜合香料

1 瓣大蒜，壓碎（選用）

鹽

將優格、綠色精華綜合香料、黃瓜與大蒜（若選用）混合。冷藏1小時（或至多3天），使風味互相融合。以適量的鹽調味即可上桌。

4份 洋蔥粉

8份 乾燥香芹

1份 現磨黑胡椒

種籽綜合香料

溫暖消化、抗發炎、增加飽足感、支持腎臟健康

微小的種籽可裝載強大的效力！它們無比的芳香、溫暖，能創造出大膽的風味。此綜合香料可以使用完整的型態、用研缽和杵搗碎，或打成粉末以獲得更細緻的質地。

1份 芹菜籽

1份 芝麻

1份 芥末籽

1份 葛縷子

1份 茴香籽

1份 孜然籽

1份 黑種草籽

烤茄子佐大蒜優格

份量：4 份

每份劑量：芹菜籽 0.9 公克｜孜然籽 0.9 公克｜茴香籽 1 公克｜芥末籽 0.8 公克

這道烤茄子可當作肉類的配菜、或放在白飯上食用，亦是絕佳的沾醬。

---

1 大顆茄子

4 湯匙橄欖油

1 大顆白洋蔥

4 茶匙種籽綜合香料

1 杯原味全脂希臘優格，另備上菜用份量

2 瓣大蒜，切末或壓碎

1 茶匙蘋果酒醋

1. 將烤架置入烤箱中央，預熱至攝氏200度。將整顆茄子放入烤盤，抹上2湯匙油。烘烤45-60分鐘，至茄子軟化、表皮開始冒泡與微焦。

2. 同時，將洋蔥去皮、橫切成四片厚片，保持洋蔥圈完整。將其排列在抹油的烤盤上，淋上剩餘1湯匙的油，接著於每片洋蔥上加入1茶匙種籽綜合香料。放在中央的烤架上，烘烤30-45分鐘，至洋蔥軟化與稍微上色。

3. 烤蔬菜時，將優格與大蒜混合，放入冷藏使風味融合。

4. 將茄子稍微放涼。待冷卻至足以處理的溫度，將其縱向對切，刮下內部的果肉，與收集的汁液一同放入食物調理機/果汁機；將表皮丟棄。將洋蔥與其汁液、剩餘1湯匙的油，與醋加入食物調理機，攪打至滑順，約5秒。將成品倒入碗中，以適量的鹽調味，淋上額外的優格，趁溫熱上桌。

薄荷辣椒綜合香料

溫暖消化、預防和治療脹氣與腹脹、
支持心臟健康

薄荷與辣椒可製成冷熱兼具的綜合香料。可以選
用任何喜歡的辣椒。若偏好較溫和的，使用紅椒
粉或安可辣椒；若喜歡火辣的風味，試試卡宴辣
椒或奇波雷辣椒（Chipotle）。我喜歡將
這款綜合香料加入優格，搭配咖哩或
辣味燒烤的菜餚。灑在北非小米
（couscous）和蔬菜上也棒極
了。乾燥薄荷無法保存太久，
所以這種綜合香料不要存放
超過三個月。

1份 乾燥薄荷

1份 辣椒片/粉

適量海鹽（可選擇）

薄荷優格抹醬

份量：1¼ 杯

每日單批劑量：辣椒 11.4 公克 | 薄荷 6.6 公克

這是一款用於新鮮蔬菜或烤蔬菜都很棒的沾醬。也可以加在湯、燉菜，或是辣味咖哩上。希臘優格很適合用於此款抹醬。

1 杯原味全脂鮮奶優格、山羊奶優格，或希臘優格

2 湯匙薄荷辣椒綜合香料

3 湯匙新鮮薄荷，切碎

鹽

於小碗內，將優格、薄荷辣椒綜合香料，與薄荷混合。置於室溫或冷藏30分鐘，使風味融合。以適量鹽調味即可上桌。

溫暖消化綜合香料

溫暖消化、預防和治療脹氣與腹脹、緩解餐後倦怠與便秘、支持心臟健康

當你感覺飽脹、經歷脹氣或便秘時，試試這種甜美溫暖的綜合香料是非常棒的。它能針對大病初癒、或抗生素療程結束後的消化系統提供大量支援，以幫助恢復。更遑論它絕對非常美味！

1份 現磨黑胡椒

16份 肉桂粉

2份 薑粉

2份 肉豆蔻粉

4份 薑黃粉

2份 茴香籽

舒適的糖漬水果

份量：4 份

每份劑量：黑胡椒 0.1 公克 | 小荳蔻 0.2 公克 | 肉桂 1.1 公克 | 茴香 0.2 公克 | 薑 0.2 公克 | 薑黃 0.4 公克

這道料理是消化系統不適或失衡時的慰藉。內含的祛風香料能舒緩發炎反應，並有助於痙攣和抽筋；同時水果有益於腸道細菌。這道糖漬水果冷熱都合適，可以單獨食用，或是搭配優格或燕麥粥。我喜歡大量製作，並分裝至小罐子冷凍，當消化系統需要支援時便可以輕鬆取用。

3 杯新鮮水果，去核切碎（蘋果、櫻桃、杏桃、水蜜桃、梨，或李子）

1 杯果乾

1 湯匙溫暖消化綜合香料

2 湯匙蜂蜜或糖（選用）

於小型深平底鍋內，混合新鮮水果與果乾，加入足量的水蓋滿鍋底。拌入溫暖消化綜合香料，加蓋，以中大火烹煮至水果軟化、但未完全變成糊狀。若想要，可以加入甜味劑。離火並稍微放涼。可溫熱或冰涼食用。

茴香杜卡綜合香料

溫暖消化、預防和治療脹氣與腹脹、緩解餐後倦怠與便秘、支持心臟健康

這款鹹味綜合香料是依照埃及常用的傳統綜合香料製成。搭配少許橄欖油或優格，用於沙拉或中東口袋餅（pita bread）的沾醬都很棒。小心——它可能會令人上癮！用食物調理機或香料研磨機（或是研缽和杵）稍微攪打可以使種籽裂開，釋放出風味，但注意不要攪打過頭，因爲你不想把它做成堅果奶油。

1份 現磨黑胡椒

2份 薑黃粉

4份 孜然籽

16份 烘烤榛果

8份 芝麻

2份 海鹽

2份 茴香籽

杜卡香料烤蔬菜

份量：4 份

每份劑量：黑胡椒 0.3 公克 | 孜然 0.8 公克 | 茴香 0.4 公克 | 薑黃 0.5 公克

美味的杜卡綜合香料帶有堅果風味，能完美地與橄欖油和新鮮蔬菜搭配。這道簡單的烤蔬菜可以搭配新鮮麵包、或中東口袋餅一起食用，甚至可以加在烤薄餅（flatbread）上。來點鷹嘴豆泥就有如置身於香料天堂！

4　杯蔬菜，切碎（如洋蔥、櫛瓜、夏南瓜、茄子、甜椒，或茴香球莖）

2　湯匙橄欖油

2　湯匙茴香杜卡綜合香料

將烤架置入烤箱中央，預熱至攝氏200度。將蔬菜、橄欖油與茴香杜卡綜合香料拌勻，未重疊地鋪在烤盤上。烘烤約15分鐘，經常翻動，至蔬菜邊緣開始上色（小心避免杜卡香料燒焦）。趁溫熱上桌。

心臟保健綜合香料

支持心臟健康、穩定血糖、作用如抗發炎劑

這款美味又強效的綜合香料，能完美支持心血管健康。若偏好新鮮大蒜勝過乾大蒜，可以將蒜粉省略，並在使用前加入適量新鮮大蒜。

1份 薑粉

1份 乾燥迷迭香

1份 薑黃粉

2份 肉桂粉

2份 甜紅椒粉

8份 蒜粉

2份 乾燥神聖羅勒

1份 芥末粉

1份 份海鹽（選用）

心臟保健鷹嘴豆泥

份量：1份

每份劑量：肉桂 0.9 公克 | 大蒜 5.6 公克 | 薑 0.5 公克 | 神聖羅勒 0.3 公克 | 芥末 0.4 公克 | 迷迭香 0.3 公克 | 薑黃 0.6 公克

鷹嘴豆泥本身就是益於心臟健康的食物。將強大的藥用香料加入市售的高品質鷹嘴豆泥，是使其變得更健康的簡單方式——也更可口。搭配蔬菜、全穀麵包，或是脆餅食用。

---

1 湯匙心臟保健綜合香料

¼ 杯市售鷹嘴豆泥

裝飾用橄欖油

將心臟保健綜合香料拌入鷹嘴豆泥，淋上橄欖油。靜置至少1小時。鷹嘴豆泥大約可以保存1星期。

認知綜合香料

鎮靜與滋養、有助於專注和記憶、增進精神警覺性、可用於抗發炎、支持消化作用

若你正感到精神恍惚或倦怠，此款綜合香料能幫助重建冷靜與敏銳的心靈。可用在烹調、或灑在完成的菜餚上。若偏好使用新鮮的香草與香料，也是可以的。

1份 乾燥薰衣草

8份 乾燥迷迭香

4份 乾燥百里香

1份 薑粉

4份 薑黃粉

4份 乾燥薄荷

適量海鹽（選用）

16份 乾燥神聖羅勒

能量早餐

份量：1份

每份劑量：薑 0.2 公克 | 神聖羅勒 1.8 公克 | 薰衣草 0.1 公克 | 薄荷 0.2 公克 | 迷迭香 0.9 公克 | 百里香 0.3 公克 | 薑黃 0.7 公克

這種能輕易拌入炒蛋或豆腐的綜合香料，能激勵大腦，並準備好積極迎接每一天。

3 顆蛋/230公克碎豆腐	將蛋與認知綜合香料攪拌至顏色均勻。將奶油放入大平底煎鍋，以中火融化。倒入混合蛋液烹煮，經常攪拌，至形成塊狀。加入炒蔬菜，繼續煮至蔬菜軟化，約再1-2分鐘。離火，撒上起司待其融化。立即上菜。
2 茶匙認知綜合香料	
1 湯匙奶油	
½ 杯炒蔬菜（如甜椒或洋蔥）	
¼ 杯切達起司絲（選用）	

胡椒協同作用綜合香料

支持消化作用、穩定血糖、可用於抗發炎、支持關節與皮膚健康

這款辛辣的綜合香料能支持消化作用與營養吸收。內含的黑胡椒能幫助提升類薑黃素的生體可用率，發揮薑黃最大的好處。這款綜合香料可以依照個人喜好增添辣度，不過黑胡椒的存在總是能帶來一些刺激！

4份 肉桂粉

適量卡宴辣椒粉（選用）

1份 現磨黑胡椒

4份 薑黃粉

心臟協同作用乳脂軟糖

份量：6 份

每份劑量：黑胡椒 0.46 公克 | 肉桂 1.15 公克 | 薑黃 1.55 公克

這種美味健康的乳脂軟糖（Fudge），是大量攝取薑黃的簡單方式。不同於傳統使用糖當作穩定劑的版本，這款乳脂軟糖在室溫下會融化，食用前最好放在冰箱保存。

⅔ 杯初榨椰子油

230 公克黑巧克力，70%可可含量，切碎

2-4 湯匙胡椒協同作用綜合香料

1 湯匙楓糖漿（選用）

1. 於雙層深鍋/厚底深平底鍋中，以小火融化椰子油。加入巧克力攪拌至完全溶解。拌入胡椒協同作用綜合香料與楓糖漿（若選用）。

2. 將混合物倒入一個8吋方形玻璃烤皿，稍微冷卻。待開始定型後，放入冷藏或冷凍使其完全成型，約3小時。將乳脂軟糖切塊，冰涼上桌。

似辣非辣的辣椒綜合香料

支持心臟健康、溫暖消化、穩定血糖

這種美妙的心臟滋補劑，使用了充滿藥效的溫和
辣椒，富含風味而非辣度。將其直接加入辣肉
醬，或是灑在墨西哥夾餅、法士達（**fajitas**），
和烤蔬菜上。溫和且帶有香甜煙燻味的安可辣
椒，很適合用在營養豐富的湯與燉菜，可以自由
地使用。

2份 孜然粉

適量海鹽（選用）

8份 安可辣椒粉

適量卡宴辣椒粉（選用）

2份 蒜粉

1份 乾燥墨西哥奧勒岡

紅辣椒燉玉米粥肉湯

份量：4份

每份劑量：辣椒 14 公克 | 孜然 2.75 公克 | 大蒜 3.8 公克

這道傳統的墨西哥湯品是由玉米粥製成，在拉丁美洲市場或超市的國際食品區可以找到玉米粥。你可以用雞肉、牛絞肉、豆腐，或絞碎的天貝代替牛排，但可能會需要調整步驟二的烹調時間。可隨意選用手邊有的任何清湯或高湯──雞肉、牛肉，或是蔬菜湯。搭配玉米餅（arepas）或玉米麵包食用。

3 湯匙橄欖油

1 杯洋蔥，切丁

170 公克牛排，切成一口大小

½ 杯似辣非辣的辣椒綜合香料，另備調味用

2 杯蔬菜，切丁（如番茄、胡蘿蔔、玉米、青蔥、櫛瓜、甜椒，或韭蔥）

1 罐（420公克）白玉米粥

4 杯清湯或高湯

鹽

辣椒粉

1. 於大鍋內以中火熱油。加入洋蔥炒至開始軟化，約2-3分鐘。

2. 加入牛排煎至熟透，約5分鐘。拌入似辣非辣的辣椒綜合香料，煮至香味釋出，約1-2分鐘。

3. 加入蔬菜，煮至開始軟化，約3-4分鐘。加入玉米粥與高湯，燉煮至風味融合，約10分鐘以上。加入適量的鹽與額外的辣椒粉調味。溫熱上菜。

全球各地的香料：希臘

　　派翠西亞·凱里茨·豪威爾（Patricia Kyritsi Howell）是一位希臘裔美籍草藥學家兼廚師，樂於用香料帶來風味與療癒作用。她是克里特島野外旅遊（Wild Crete Travel）的共同所有人，那是一家專門經營小型團體旅遊的公司，探索希臘群島中的克里特島其傳統料理。派翠西亞指出，希臘料理並非只有一種，而是受到許多地區性料理的影響。儘管北部地區受到巴爾幹半島文化的影響，希臘諸島的食物仍取決於其各自獨特的生態環境。位於愛琴海東側，接近土耳其海岸的島嶼帶有中東色彩；而克里特島處於受文化影響的十字路口已有數千年之久。

　　曾祖母出生於克里特島的豪威爾，表示當地的料理變化多樣。島嶼西半部仍深受西元1205-1571年佔領該

地的威尼斯人之影響；而島嶼東部則偏向土耳其料理，因為其過去曾是鄂圖曼帝國的一部份。儘管香草與香料被自由地使用，但其風味較溫和。派翠西亞解釋：「希臘人通常不喜歡食物裡有濃郁的香料或辣味。希臘式料理很簡單，強調高品質與季節性的食材。」她表示，希臘人確實會將芳香的地中海香草用於多數菜色，並認為香草對良好的消化作用十分重要。奧勒岡是最受歡迎的烹飪用香草，通常不會烹煮，而是於上菜後灑上，以保留其芳香特性。在許多餐廳，你會發現桌上的鹽罐與胡椒罐旁邊，還有一瓶裝著奧勒岡的調味罐。

　　我請教派翠西亞，克里特島的人們是如何將香草與香料作為藥物使用？她說最常見的用法就是製成茶或浸漬液（未使用酒精萃取物或酊劑）：「希臘人相信，茶的芳香性質是其療癒特性的一部份，我們樂於品嚐這些香氣。」山茶（Mountain Tea）是一種常見的製備方法，沒有標準的配方。每個村莊都有自己的版本，多數的家庭也有。山茶是由兩種原生於克里特島的植物——鐵銹草（Malotira）與巖愛草（Dittany/Diktamos），其乾燥葉片和花製成。

派翠西亞的食物與藥用
希臘香草和香料

鐵銹草（*Sideritis syriaca*）

這個屬於薄荷家族的香草，生長在克里特島白山（White Mountains）與周圍被稱作普西羅芮特山峰（Psiloritis）的高海拔地區。鐵銹草之名意味著「除去病害」，其味道與鼠尾草類似，但較不生硬。它被視為一種滋補劑，許多人會每天飲用；亦是針對傷風與呼吸道充血的特效藥。

巖愛草（*Origanum dictamnus*）

這是克里特島與許多希臘地區最重要的藥用香草。這種香草過去只能從高海拔山區的野外採收，需要面臨峭壁與危險的岩石露頭（編按：顯露在地表的岩層與礦脈）。如今巖愛草已被廣泛種植，並且被視為治療頭痛、胃痛、肝臟疾病、皮膚發炎，與長疹子的萬靈丹。它從泰奧弗拉斯托斯（Theophrastus）時期便是希臘醫學的一部份，泰奧弗拉斯托斯曾推薦將其用於助產；據說阿芙蘿黛蒂（Aphrodite，羅馬名為「維納斯」）曾用它來緩解陣痛。據稱，巖愛草是強化虛弱體質的滋補劑，亦是一種能回春的植物。

洋乳香（*Pistacia lentiscus*，乳香黃連木）

洋乳香是一種經日曬乾燥而形成的樹脂，來自於希俄斯島（Chios）的樹種。起初被當作使口氣清新與治療牙齦發炎的口香糖；亦被製成利口酒，以幫助消化作用與緩解感冒症狀。研究曾探討洋乳香之於抑制幽門螺旋桿菌的作用，此外，它也是用於甜點與冰淇淋的人氣香料。洋乳香的型態有如眼淚般塊狀，搭配少量的糖，以研缽搗碎即可加入食譜。

鼠尾草（*Salvia trilobal*）

受歡迎的茶飲，特別是在濕冷的冬季。港口附近的咖啡店、或漁民與其他從事水上工作的人員經常光顧之處，通常會供應鼠尾草茶。

奧勒岡（*Origanum anites and O. vulgare, ssPhirtum*）

常見於克里特島與希臘其他地區的野外，這兩個品種的花序頂部都會被使用——不同於美國只使用葉片。奧勒岡是希臘料理最重要的香料，被用於沙拉、烤肉、烤魚，與受歡迎的烤肉串小吃（souvlaki，燒烤雞肉或豬肉塊）。亦被用於茶飲，以治療呼吸道充血、胃痛，有時候還有腹瀉。一個民間傳統聲稱女性用奧勒岡茶清洗胸部能保持其美麗——不過我沒有認識任何人這麼做！

迷迭香（*Rosmarinus officinalis*）

將迷迭香與紅葡萄酒醋、橄欖油，和大蒜混合可用於醃肉；亦可在烤肉時將迷迭香放入炭火，替肉類增添香氣。

羅勒（*Ocimum sanctum*）

羅勒很少被用於烹飪，反而是用在儀式中。將其種在花盆裡，擺放在家門外以祈求好運。希臘正教的禮拜儀式亦會用羅勒葉片潑灑聖水，並放置在神聖的圖騰旁邊。

百里香（*Thymus vulgaris*）

希臘的茶飲經常會使用百里香蜂蜜自由地添加甜味。百里香蜂蜜被視為是咳嗽、感冒、胃部不適，與頭痛的重要藥物。百里香是常見的野生香草，特別在沿岸地帶，蜂農經常將蜂箱安置在靠近百里香的地方。

派翠西亞的洋乳香冰淇淋

派翠西亞最喜愛的冰淇淋食譜之一，是用洋乳香來調味。品嚐一口，便讓我想起克里特島與在那裡曾有過的美味時光！

½ 杯糖

½ 茶匙洋乳香

1 杯高乳脂鮮奶油

1 杯牛奶

4 顆蛋黃

1 湯匙洋乳香利口酒（選用）

1. 用研缽與杵將糖和洋乳香磨碎。於中型深平底鍋中，以中火加熱鮮奶油、牛奶，與糖和洋乳香的混合物，至幾近沸騰，約**5**分鐘。調整至小火。

2. 取一個中碗，將蛋黃打散。持續攪拌，緩慢倒入一半的鮮奶油混合物，與蛋液調和。將混合物與利口酒（若選用）倒回鍋中。煮至質地濃稠、能附著於湯匙背。用細篩網過濾至乾淨的碗中。

3. 將此冰淇淋基底放入冷藏降溫，至完全冷卻。依照你所使用的冰淇淋機指示攪拌。

來自香料養生研究室的更多食譜

咖哩

咖哩可以是利用薑黃、孜然、芫荽籽、薑,與辣椒等香料組合,而製成的各式菜餚。發源於印度次大陸,咖哩通常會與肉類和蔬菜混合做成醬汁。在印度地區、緬甸、泰國、馬來西亞、越南、中國,與日本皆有許多不同的美味咖哩綜合香料。牙買加與西印度群島的其他島嶼也經常將咖哩當作其特色料理。

若要開始嘗試製作咖哩,好消息是,市面上有許多高品質、美味,與價格合理的現成咖哩綜合香料。你可以買一些來試試,然後開始在家自行添加香料或重新創造。印度咖哩通常會使用大量薑黃、孜然,與薑。

泰國的咖哩會使用新鮮與氣味強烈的香草,如高良薑與泰國檸檬葉,並且經常加入魚露,還可能搭配椰奶。瑪莎曼咖哩是最不辣的泰式咖哩。馬來西亞與緬甸的咖哩,是印度和泰國的融合版本;來自日本與中國等地區的咖哩質地如同醬汁。你可以在許多超市或專賣店購買粉末或糊狀的預拌咖哩綜合香料。

胡蘿蔔洋蔥薑黃咖哩

香甜的胡蘿蔔與洋蔥,能替這道充滿藥用特性的簡單印度咖哩,平衡其刺激風味。額外添加薑黃能帶來更有益的效果。將這道咖哩與任何煮好的肉類、豆腐,或其他蔬菜混合,淋在米飯上,便是一道令人滿足與皆大歡喜的晚餐。

2 湯匙橄欖油	2 湯匙咖哩粉	於大型平底煎鍋內,以中火熱油。加入洋蔥與胡蘿蔔,煮至蔬菜開始軟化上色,約5-7分鐘。加入咖哩粉、大蒜,與薑黃,翻炒使其包覆蔬菜。繼續烹煮至胡蘿蔔軟化,約5分鐘或更久。溫熱上桌。
2 顆中型洋蔥,切成約1公分塊狀	2 瓣大蒜,壓碎	
4 根胡蘿蔔,去皮,切成約5公分塊狀	½ 茶匙薑黃粉	

新鮮香草及香料食譜

新鮮的香料和香草能帶來絕佳風味，搭配乾燥香料使用，更能增加其用途。高品質的新鮮香草與香料可以在許多超市找到，不過在自家花園或後院的花盆種植，特別有滿足感，並且有助於創作每日的簡單菜色。即便新鮮香草與香料比乾燥型態更容易腐壞，此處的所有食譜都能以冷藏保存數日，或冷凍保存6週。

大蒜抹醬

新鮮大蒜與橄欖油——怎能讓人不愛？這種抹醬充滿大蒜精華，很適合當作醬汁、醃漬液、湯底，或任何想要嘗試大膽加入香氣的菜色。

½ 杯橄欖油、花生油，或未烘焙芝麻油

1 顆大蒜，去皮壓碎或切末

1 根新鮮辣椒，去籽切碎

1 湯匙薑末

2 茶匙新鮮薑黃末，或 ½ 茶匙薑黃粉

1 茶匙乾燥神聖羅勒

½ 茶匙芥末粉

鹽

將油、大蒜、辣椒、薑、薑黃、神聖羅勒，與芥末混合，攪拌至滑順。以適量鹽調味即可上桌（或以冷藏保存至多1個月）。

藥膳味噌湯

味噌是由發酵黃豆、鹽、米麴，與通常還有大麥，製成的日式傳統調味料。有些味噌溫和帶有甜味；其他則帶有強烈的熟成氣味，四處看看選購自己喜歡的。將「大蒜抹醬」加入這個健康的湯底，能帶來充分的藥效。不需要烹調！這是一道適合帶去工作的美味提神飲品。

1　杯味噌醬

2　湯匙大蒜抹醬

½　茶匙芥末粉（選用）

於小碗中混合味噌、大蒜抹醬，與芥末粉（選用），攪拌均勻。放入冷藏可保存至多4天。

使用方式：將2湯匙藥膳味噌湯與450毫升熱水混合。

青醬的威力！

　　這款知名與備受喜愛的香草醬，傳統是以羅勒、松子、橄欖油、大蒜、鹽，與帕瑪森乾酪（Parmesan cheese）製成。然而製作青醬有上百種的變化方式，不需要拘泥於傳統。通常會有大蒜，不過非必要。青醬幾乎可以使用所有的芳香植物葉片製作，有時會搭配非芳香植物的葉片或綠葉蔬菜，以提供更多營養。香草葉片、油脂、堅果，和鹽是如此美好的組合，以致於我發現自己找遍了花園或冰箱抽屜內，任何可以扔進食物調理機的東西。

最佳青醬組合

主要新鮮綠葉：薄荷、香芹、檸檬香蜂草、黃芩（skullcap）、羅勒、神聖羅勒、蜂香薄荷（bee balm）、芝麻菜（arugula）、水田芥（watercress）、金蓮花（nasturtium）、蕁麻（nettles）、菠菜、羽衣甘藍

附加新鮮香草：茴香、鼠尾草、香菜、迷迭香、百里香、蒔蘿、一枝黃花（goldenrod）葉片

油脂：橄欖油、酪梨油、葡萄籽油、杏仁油、葵花油、核桃油、榛果油、芝麻油（未烘焙）

堅果與種籽：松子、開心果、榛果、夏威夷豆、芝麻、葵瓜子

額外添加：大蒜、檸檬皮、檸檬汁、鹽

正念青醬

這款由神聖羅勒製成的美味類傳統青醬，含有滋養大腦的迷迭香，與核桃和核桃油，能使增強認知能力的特性最大化。可以塗抹於餅乾、加入義大利麵，和當作醃漬液使用。

---

2 杯新鮮神聖羅勒葉片	2 湯匙新鮮迷迭香，切碎	將羅勒、油、核桃、大蒜、迷迭香，與檸檬汁放入食物調理機，攪拌至滑順。（亦可將所有材料切碎、或使用研鉢和杵，然而質地會較粗大。）以適量鹽調味。分裝成小份放入冷凍，可保存至多9個月。
½ 杯核桃油或橄欖油	1 湯匙新鮮檸檬汁	
½ 杯核桃或松子	鹽	
8 瓣大蒜		

蔬食青醬

這種富含綠葉蔬菜的青醬最適合每日食用。可以使用芝麻菜、水田芥、菠菜、羽衣甘藍，或是蕁麻葉——我最喜歡的組合是蕁麻葉與芝麻葉。無論是拌入義大利麵、塗抹於麵包上，搭配肉類、魚，或是豆腐，這款萬用醬料絕不會出錯。

3 杯綠葉蔬菜	28 公克帕瑪森乾酪，磨碎（選用）	將綠葉蔬菜、油、羅勒、松子、大蒜，與乾酪（選用）放入食物調理機，攪拌至滑順。以適量鹽調味。分裝成小份放入冷凍，可保存至多 **3**個月（注意：若使用乾酪，冷凍後質地可能會受影響）。
1 杯橄欖油	鹽	
1 杯新鮮羅勒葉		
½ 杯松子		
4 瓣大蒜		

香芹青醬

這款青醬的詮釋方式不僅美味，還能支持健康的腎臟、泌尿功能，與前列腺健康。香芹取得容易，生長季節較羅勒長，是製作青醬良好的選擇。將開心果剝殼會是件耗時的事，但我認為努力絕對是值得的。

2 杯新鮮香芹葉片	將香芹、開心果、油、檸檬皮，與芹菜籽放入食物調理機，攪拌至磨碎但尚未滑順的程度。（亦可將所有材料切碎、或使用研缽和杵，然而質地會較粗大。）以適量鹽和檸檬汁調味。
½ 杯開心果，去殼	
½ 杯橄欖油	
1 茶匙檸檬皮	
½ 茶匙芹菜籽	
鹽	
新鮮檸檬汁	

全球各地的香料：印度

桑迪普·阿加瓦爾（Sandeep Agarwal）是「純世代食品」（Pure Generation Foods）的第五代經營者，生產香料、印度酥油，與其他阿育吠陀產品。同時，他也是將豐富的草藥醫學知識帶至餐桌上的一位草藥學家。

桑迪普說道：「你無法想像印度的食物少了香草與香料。印度的食物使用許多香料，但不表示這些食物是辛辣的，僅代表其風味十足。」咖哩或許是我們首先想到的菜色，但「咖哩」這個詞並非指某種特定綜合香料或單一食譜。桑迪普解釋印度咖哩的作法是將新鮮洋蔥、大蒜、薑，與辣椒，搭配其他新鮮香草和乾燥香料，用印度酥油或油拌炒。有上千種香草與香料的組合可以製成咖哩綜合香料。

典型被用於印度料理的香料有超過四十種，最常見的有黑胡椒、小荳蔻、辣椒、肉桂、丁香、芫荽籽、孜然、薑黃、茴香、薑、大蒜、芥末籽，與葫蘆巴。綜合香料可能帶有甜味、辣味，或是全然地火辣。將香料、香草，與油脂一同加熱，能使藥用特性轉變成具生物可用性；並且在製作咖哩醬的時候，你會發現廚房充滿了啟動消化作用的美妙香氣。接著將咖哩醬與蔬菜、穀物，或肉類混合，便能完成這道料理。

療癒的香料

在印度，通常以非常簡單的方式使用藥用香料。例如，於餐前咀嚼一片生薑和少量鹽，能促進消化力。或者，將少量丁香與一茶匙蜂蜜混合，對於治療咳嗽十分有效。針對傷風、感冒，或是發燒症狀，桑迪普可能會選用神聖羅勒。

我們可能不會想到用牛奶當作藥物的基底，但桑迪普說，許多藥用香料都是以溫牛奶為基底來製備：「每位印度媽媽都知道，溫牛奶搭配薑黃與酥油，對一般感冒非常好。」薑黃的另一種藥用方式，是取少許薑黃與溫的酥油混合，應用於外部小創傷和淤青。溫牛奶也會與番紅花、小荳蔻和酥油一同製成催情劑。桑迪普說：「傳統上，新娘會在洞房花燭夜將這

種飲品提供給配偶飲用」。

三果實（Triphala），直譯為「三種果實」，是一種傳統的阿育吠陀配方，由印度醋栗（*Emblica officinalis*）、欖仁（*Terminalia bellirica*），與訶子（*Terminalia chebula*）三種印度原生水果製成。人們將其當作日常滋補劑使用，於睡前取½茶匙搭配溫開水服用，以達到消化健康與溫和每日排毒作用。桑迪普說，三果實因其淨化、平衡，與療癒的特性被稱作「生命甘露」。

桑迪普的阿育吠陀米豆粥

阿育吠陀米豆粥是一種由印度香米和綠豆仁做成的美味燉品。作法如同於燕麥粥中加入鹽與印度香料。這款粥很容易消化，傳統是給病患或大病初癒的人食用。

3½ 杯水	½ 茶匙芫荽籽粉	½ 茶匙鹽
1 杯什錦蔬菜（選用）	½ 茶匙芥末籽（完整/粉末）	3 茶匙有機草飼印度酥油
½ 杯印度香米	½ 茶匙薑黃粉	1 把新鮮香菜葉
½ 杯綠豆仁（乾燥的黃色豆仁）	1 茶匙生薑，切碎/磨末	
½ 茶匙孜然籽（完整/粉末）		

挑除香米與綠豆仁中，如小石子或土塊等任何異物，接著用水清洗。於湯鍋中，倒入水、蔬菜、香米、綠豆仁、孜然、芫荽籽、芥末籽、薑黃、薑，與鹽。將此混合物煮開，調整至小火、將蓋子部分蓋上。經常攪拌，燉煮**20**分鐘，或達到如同燉物的質地。若需要，再多加點水。一旦完成，離火並加入酥油，充分拌勻。以香菜葉裝飾並趁熱上桌。

快速檸檬生薑香草茶

使用這款混合物製作即飲的熱茶或冰茶，以預防傷風和感冒、支持健康的消化作用，與減少發炎反應。

2 湯匙蜂蜜或楓糖漿	1 湯匙薑末	使用方法：將1茶匙「快速檸檬生薑香草茶」與230毫升的熱水/冷水混合，浸泡至達到喜愛的風味。
½ 湯匙檸檬皮加2湯匙檸檬汁	1 茶匙薑黃粉	

熱薑汁檸檬飲

這是一款很棒的冬季飲品，特別是在佳節期間，朋友、家人，與病菌全部混雜交錯之時。

一根（10公分）生薑，去皮切薄片	1. 於大型平底鍋中，加入薑與8杯水，煮開。調整成中小火，燉煮20分鐘。
兩顆檸檬，各切成四塊楔形	2. 飲用時，將丁香（選用）插入每塊檸檬裡。把每塊檸檬的汁液擠入馬克杯，並一同放入擠過的檸檬塊。於馬克杯中倒入230毫升的薑汁，以適量蜂蜜調味。
丁香（選用）	
蜂蜜	*註：可以用小火繼續燉煮薑汁數小時，視情況加水。*

附錄：
醫療保健人員的藥用香料使用指南

若你是一位對整合醫學與營養學有興趣的醫療保健人員，你可能曾經接觸過關於香草與香料其醫學使用上的資訊。其中許多種類與廣泛用於全球各地料理的烹飪用香料是雷同的。然而，若缺乏精確與恆定的藥用劑量資訊，要推薦客戶使用香料會很有挑戰性。

我的目標是提供一些資訊，讓你可以將健康研究的結果轉換成實際關懷顧客的策略。通常，最簡單的解決辦法也是最有效和最實際的。若一位顧客能規律地於食物中添加少量香料，便沒有必要使用昂貴的營養補充品和複雜的產品。比起市售的保健產品，香料的價格通常較低，特別有利於低收入戶或缺乏社會照顧的族群使用。此外，比起萃取物和營養補充品，以食物型態攝取香料，能帶來更高的生體可用率與更好的協同效益。

香料推薦指南

在踏上自然醫學的道路，並且偏離以藥物為基礎的保健方式之時，你會發現自己身在更有機、更具感官性，與更模糊的世界。藥丸精確與明訂的劑量令人覺得安心，但學習將香料當作藥物使用時，會發現劑量的精確度對於安全性與最終結果而言，並不是特別重要。將香料當作飲食的藥物使用時，重點在於恆定使用、永續運用，與瞭解生體可用率。關於恆定使用，研究顯示規律地攝取一種藥用香料——毋須遵循嚴格的時間表或精準劑量，能帶來有益的影響。

制訂新的習慣

對客戶進行評估時，最好從瞭解其目前的飲食習慣開始。若客戶對於使用特定香料的獨特文化或地區性料理產生共鳴，這將是開始思考以何種香料為重心的絕佳起點。你可以在第112頁找到一些世界上特定地區最常用的香料表。詢問客戶最喜愛的單方香料或香料類別也是很好的開始。若客戶通常喜歡風味十足的食物，便有很多機會能介紹新香料；若客戶偏好清淡的飲食，或食用大量加工食品，可能需要以少量香料開始進行。此類型的客戶或許可以從在成品中添加綜合香料的方式開始（頁116，「每日萬用綜合香料」）。從常見的知名香料，如大蒜、薑、肉桂、薄荷，或黑胡椒等開始，也是很好的作法，依客戶口味進行調整。此外，務必要詢問客戶哪些香料已經是其飲食的一部份。若客戶近期可能正在享受攝取一種有益的香料，但劑量有限，這種情況下，你可以建議簡單的修改並增加攝取量。

劑量

選擇建議的劑量或許是開立藥用香料處方最複雜的部分。初步的方法是請客戶每日簡單地將任何能接受的香料劑量入食。對你和客戶而言，這或許是最容易能判斷香料是否合適的方式。然而，不保證客戶所攝取的香料量能達到最佳健康結果。各種香料的每日建議劑量，已於第三章以公克和等量的茶匙表示。這是針對單方香料與其特定療效價值所提出的建議。若將數種香料混合，將受益於協同作用，可以減少使用劑量。用公克或等量茶匙數作為單位，建議每日加入食物製備的劑量，能為客戶帶來可衡量的目標。為了確保客戶遵守並使用正確劑量，一個簡單方式是建議客戶製作單週或單月份的綜合香料，並均分成每日劑量。書中收錄的食譜，為客戶提供了將特定香料納入每日飲食的起始點——特別是可能尚未規律使用的香料。此外，當然還有上百本烹飪書與食譜網站，可以推薦給希望將香料運用擴展至其料理的客戶。

易取得、可負擔、預防性藥物

香料其可負擔、相對熟悉，與容易融入日常生活的特性，替預防性藥物提供了良好的選擇。它們可以用於治療全家人。

健康的家庭

我最喜歡的一種藥用香料使用方法，就是讓全家人食用。考慮到健康的社會決定因素，有些孩童發生特定健康疾病的風險更高，如心臟疾病或糖尿病。書中所列舉的香料，是用於預防和治療會影響到缺乏社會照顧、或邊緣化族群的多數常見疾病，包括糖尿病、心臟疾病、關節炎、關節疾病、感染，與免疫方面顧慮。作為一位醫療保健人員，基於治療與預防之目的，你有機會向全家人展示藥用香料。當香料被加入家庭餐點時，成年人會獲得特定症狀所需要的藥物；而年輕的成員則受惠於早期疾病預防、學習享受香料的風味，並且將這種健康的習慣帶入生命裡。

可負擔性與易取得性

有些香料十分昂貴或難以取得，如小荳蔻和香草。所幸，許多最具藥效的香料——包括大蒜、薑、薑黃、孜然，與肉桂，皆是容易取得、可負擔得起的。此外，這些香料也很耐存放。

超市架上的品牌罐裝香料是購買香料最昂貴的方式，我建議客戶以大量採購。許多亞洲、印度，與拉丁美洲的超市會有較大包裝的香料存貨，其價格實惠，足以製作全家的餐食長達數週。健康食物商店通常會將香料裝在桶子裡，

可以秤重購買任何想要的份量。待顧客回到家，理想的方式應該要將香料裝入玻璃罐；義大利麵醬汁的乾淨空罐也很好用；塑膠袋亦是不錯的選擇。若能存放在陰暗處，我偏好用玻璃罐，然而若沒有儲物空間，玻璃罐可能不太實際。

若你的客戶群可以接觸到庭院、社區花圃，甚至是有盆栽的花園，便有許多栽種香料的可能性。視地理環境而異，迷迭香、百里香、鼠尾草、細香蔥，與香芹等種類皆能輕易種植。這些新鮮香草一旦種下就有很長的壽命，並且能以最少的花費，提供充分的藥效。新鮮香草可以自由地使用，並提供顯著的健康效益。

最後，綜合香料對於收入有限的客戶而言是很理想的，因為可以很輕鬆地加入料理。作為醫療保健人員，可以訂購一些常見的香料，根據本書的配方製作一些綜合香料分送給客戶。亦或，可以將配方提供給客戶，便可以依照個人喜好製作綜合香料。

無論使用何種方法，目的是讓客戶能以輕鬆、愉快，與可負擔的方式取得並享用藥用香料。經由深思熟慮地使用，這種美味的藥物將會成為其生命中愉悅的一部份。

致謝辭

寫作本書時，每當敲下一個字母，我對於所取得的香料，其採收與處理過程中獲得的善心與幫助、以及創造出大自然傑作的數百萬種植物感到感恩。

我要感謝Anne Harvey與Kristen McPhee為了這本書，花費無數的時間協助我搜尋和評估學術研究；並且感謝Camille Freeman總是能替我帶來一個（或十二個）靈感。我的編輯Carleen Madigan，總是樂意傾聽並提供我所有問題的答案。非常感謝Patricia Kyritsi

Howell、Michael Tims、Sandeep Agarwal、Funke Kolosheo、生薑香料農場的鄉親們、Jennifer Gerrity、Mountain Rose，與我分享他們的寶貴時間和專業知識——這確實讓我得以描繪出香料更全球化的樣貌，為此我十分感恩！謝謝Maria Noël Groves與Rosalee de la Forêt為我這個新手作者協調物流問題。同時感謝我的家人，讓出與我相處的時間，使我無論在世界的何處，都能坐在電腦前打字。

參考文獻

黑胡椒

Abullais, S. S., Dani, N., Hamiduddin, N. P., Kudyar, N., and Gore, A. (2015). Efficacy of irrigation with different antimicrobial agents on periodontal health in patients treated for chronic periodontitis: A randomized controlled clinical trial. *Ayu*, 36(4), 380.

Pipalia, P. R., Annigeri, R. G., and Mehta, R. (2016). Clinicobiochemical evaluation of turmeric with black pepper and *Nigella sativa* in management of oral submucous fibrosis — a double-blind, randomized preliminary study. Oral Surgery, Oral Medicine, Oral Pathology and Oral Radiology, 122(6), 705–712.

Srinivasan, K. (2007). Black pepper and its pungent principle — piperine: a review of diverse physiological effects. *Critical Reviews in Food Science and Nutrition*, 47(8), 735–748.

金盞花

Carvalho, A. F. M. D., Feitosa, M. C. P., Coelho, N. P. M. D. F., Rebêlo, V. C. N., Castro, J. G. D., Sousa, P. R. G. D., . . . and Arisawa, E. A. L. S. (2016). Low-level laser therapy and *Calendula officinalis* in repairing diabetic foot ulcers. *Revista da Escola de Enfermagem da USP*, 50(4), 628–634.

Duran, V., Matic, M., Jovanovć, M., Mimica, N., Gajinov, Z., Poljack, M., and Boza, P. (2005). Results of the clinical examination of an ointment with marigold (*Calendula officinalis*) extract in the treatment of venous leg ulcers. *Int J Tissue React.* 27(3),101–6.

Panahi, Y., Sharif, M. R., Sharif, A., Beiraghdar, F., Zahiri, Z., Amirchoopani, G., . . . and Sahebkar, A. (2012). A randomized comparative trial on the therapeutic efficacy of topical aloe vera and *Calendula officinalis* on diaper dermatitis in children. *The Scientific World Journal*, 2012.

辣椒

Ertürk, Ö. (2006). Antibacterial and antifungal activity of ethanolic extracts from eleven spice plants. Biologia, Bratislava, 61/3: 275–278, 2006. *Cellular and Molecular Biology*.

Janssens, P. L., Hursel, R., and Westerterp-Plantenga, M. S. (2014). Capsaicin increases sensation of fullness in energy balance, and decreases desire to eat after dinner in negative energy balance. *Appetite*, 77, 46–51.

肉桂

Akilen, R., Tsiami, A., Devendra, D., and Robinson, N. (2010). Glycated haemoglobin and blood pressure lowering effect of cinnamon in multi ethnic Type 2 diabetic patients in the UK: a randomized, placebo controlled, double blind clinical trial. *Diabetic Medicine*, 27(10), 1159–1167.

Khan, A., Safdar, M., Khan, M. M. A., Khattak, K. N., and Anderson, R. A. (2003). Cinnamon improves glucose and lipids of people with type 2 diabetes. *Diabetes Care*, 26(12), 3215–3218.

Shishehbor, F., Rezaeyan Safar, M., Rajaei, E., and Haghighizadeh, M. H. (2018). Cinnamon Consumption Improves Clinical Symptoms and Inflammatory Markers in Women With Rheumatoid Arthritis. *Journal of the American College of Nutrition*, 1–6.

孜然

Taghizadeh, M., Memarzadeh, M. R., Asemi, Z., and Esmaillzadeh, A. (2015). Effect of the cumin cyminum L. intake on weight loss, metabolic profiles and biomarkers of oxidative stress in overweight subjects: a randomized double-blind placebo-controlled clinical

trial. *Annals of Nutrition and Metabolism*, 66(2–3), 117–124.

茴香

Portincasa, P., Bonfrate, L., Scribano, M. L., Kohn, A., Caporaso, N., Festi, D., . . . and Fogli, M. V. (2016). Curcumin and Fennel Essential Oil Improve Symptoms and Quality of Life in Patients with Irritable Bowel Syndrome. *Journal of Gastrointestinal and Liver Diseases*, 25(2).

大蒜

Arreola, R., Quintero-Fabián, S., López-Roa, R. I., Flores-Gutiérrez, E. O., Reyes-Grajeda, J. P., Carrera-Quintanar, L., and Ortuño-Sahagún, D. (2015). Immunomodulation and anti-inflammatory effects of garlic compounds. *Journal of Immunology Research*, 2015.

Budoff, M. J., Ahmadi, N., Gul, K. M., Liu, S. T., Flores, F. R., Tiano, J., . . . and Tsimikas, S. (2009). Aged garlic extract supplemented with B vitamins, folic acid and L-arginine retards the progression of subclinical atherosclerosis: a randomized clinical trial. *Preventive Medicine*, 49(2–3), 101–107.

Jain, A. K., Vargas, R., Gotzkowsky, S., and McMahon, F. G. (1993). Can garlic reduce levels of serum lipids? A controlled clinical study. *The American Journal of Medicine*, 94(6), 632–635.

Josling, P. (2001). Preventing the common cold with a garlic supplement: a double-blind, placebo-controlled survey. *Advances in Therapy*, 18(4), 189–193.

Sivam, G. P. (2001). Protection against *Helicobacter pylori* and other bacterial infections by garlic. *The Journal of Nutrition*, 131(3), 1106S–1108S.

Stevinson, C., Pittler, M. H., and Ernst, E. (2000). Garlic for treating hypercholesterolemia: a meta-analysis of randomized clinical trials. *Annals of Internal Medicine*, 133(6), 420–429.

Warshafsky, S., Kamer, R. S., and Sivak, S. L. (1993). Effect of garlic on total serum cholesterol: a meta-analysis. *Annals of Internal Medicine*, 119(7_Part_1), 599–605.

Akoachere, J. T., Ndip, R. N., Chenwi, E. B., Ndip, L. M., Njock, T. E., and Anong, D. N. (2002). Antibacterial effects of *Zingiber Officinale* and *Garcinia Kola* on respiratory tract pathogens. *East African Medical Journal*, 79(11), 588–592.

Black, C. D., Herring, M. P., Hurley, D. J., and O'Connor, P. J. (2010). Ginger (*Zingiber officinale*) reduces muscle pain caused by eccentric exercise. *The Journal of Pain*, 11(9), 894–903.

Boone, S. A., and Shields, K. M. (2005). Treating pregnancy-related nausea and vomiting with ginger. *Annals of Pharmacotherapy*, 39(10), 1710–1713.

Kulkarni, R. A., and Deshpande, A. R. (2016). Anti-inflammatory and antioxidant effect of ginger in tuberculosis. *Journal of Complementary and Integrative Medicine*, 13(2), 201–206.

Mashhadi, N., Ghasvand, R., Askari, G., Feizi, A., Hairiri, M., Darvishi, L., Bahrain, A., Taghiyr, M., Shiranian, A., and Hajishafiee, M. (2013). Influence of ginger and cinnamon intake on inflammation and muscle soreness endued by exercise in Iranian female athletes. *Int J Prev Med*. 2013 Apr; 4(Suppl 1): S11–S15.

Matsumura, M. D., Zavorsky, G. S., and Smoliga, J. M. (2015). The Effects of Pre Exercise Ginger Supplementation on Muscle Damage and Delayed Onset Muscle Soreness. *Phytotherapy Research*, 29(6), 887–893.

Mozaffari-Khosravi, H., Naderi, Z., Dehghan, A., Nadjarzadeh, A., and Fallah Huseini, H. (2016). Effect of Ginger Supplementation on Proinflammatory Cytokines in Older Patients with Osteoarthritis: Outcomes of a Randomized Controlled Clinical Trial. *Journal of Nutrition in Gerontology and Geriatrics*, 35(3), 209–218.

Prasad, S., and Tyagi, A. K. (2015). Ginger and its constituents: role in prevention and treatment of gastrointestinal cancer. *Gastroenterology Research and Practice*, 2015.

Saenghong, N., Wattanathorn, J., Muchimapura, S., Tongun, T., Piyavhatkul, N., Banchonglikitkul, C., and Kajsongkram, T. (2012). *Zingiber officinale* improves cognitive function of the middle-aged healthy woman. *Evidence-Based Complementary and Alternative Medicine*, 2012.

Srinivasan, K. (2014). Antioxidant potential of spices and their active constituents. *Critical Reviews in Food Science and Nutrition*, 54(3), 352–372.

Yusha'u, M., Garba, L., and Shamsuddeen, U. (2008). In vitro inhibitory activity of garlic and ginger extracts on some respiratory tract isolates of gram-negative organisms. *International Journal of Biomedical and Health Sciences*, 4(2).

神聖羅勒

Bhattacharyya, D., Sur, T. K., Jana, U., and Debnath, P. K. (2008). Controlled programmed trial of *Ocimum sanctum* leaf on generalized anxiety disorders. *Nepal Med Coll J*, 10(3), 176–179.

Sampath, S., Mahapatra, S. C., Padhi, M. M., Sharma, R., and Talwar, A. (2015). Holy basil (*Ocimum sanctum Linn.*) leaf extract enhances specific cognitive parameters in healthy adult volunteers: A placebo controlled study. *Indian Journal of Physiology and Pharmacology*, 59(1), 69–77.

薰衣草

Kao, Y. H., Huang, Y. C., Chung, U. L., Hsu, W. N., Tang, Y. T., and Liao, Y. H. (2017). Comparisons for Effectiveness of Aromatherapy and Acupressure Massage on Quality of Life in Career Women: A Randomized Controlled Trial. *The Journal of Alternative and Complementary Medicine*, 23(6), 451–460.

Lillehei, A. S., Halcón, L. L., Savik, K., and Reis, R. (2015). Effect of inhaled lavender and sleep hygiene on self-reported sleep issues: a randomized controlled trial. *The Journal of Alternative and Complementary Medicine*, 21(7), 430–438.

薄荷

Cappello, G., Spezzaferro, M., Grossi, L., Manzoli, L., and Marzio, L. (2007). Peppermint oil (Mintoil®) in the treatment of irritable bowel syndrome: a prospective double blind placebo-controlled randomized trial. *Digestive and Liver Disease*, 39(6), 530–536.

芥末

Gregersen, N. T., Belza, A., Jensen, M. G., Ritz, C., Bitz, C., Hels, O., . . . and Astrup, A. (2013). Acute effects of mustard, horseradish, black pepper and ginger on energy expenditure, appetite, ad libitum energy intake and energy balance in human subjects. *British Journal of Nutrition*, 109(3), 556–563.

Lett, A. M., Thondre, P. S., and Rosenthal, A. J. (2013). Yellow mustard bran attenuates glycaemic response of a semi-solid food in young healthy men. *International Journal of Food Sciences and Nutrition*, 64(2), 140–146.

迷迭香

Moss, M., Cook, J., Wesnes, K., and Duckett, P. (2003). Aromas of rosemary and lavender essential oils differentially affect cognition and mood in healthy adults. *International Journal of Neuroscience*, 113(1), 15–38.

Pengelly, A., Snow, J., Mills, S. Y., Scholey, A., Wesnes, K., and Butler, L. R. (2012). Short-term study on the effects of rosemary on cognitive function in an elderly population. *Journal of Medicinal Food*, 15(1), 10–17.

鼠尾草

Bommer, S., Klein, P., and Suter, A. (2011). First time proof of sage's tolerability and efficacy in menopausal women with hot flushes. *Advances in Therapy*, 28(6), 490–500.

Vandecasteele, K., Ost, P., Oosterlinck, W., Fonteyne, V., De Neve, W., and De Meerleer, G. (2012). Evaluation of the efficacy and safety of *Salvia officinalis* in controlling hot flashes in prostate cancer patients treated with androgen deprivation. *Phytotherapy Research*, 26(2), 208–213.

百里香

Kemmerich, B., Eberhardt, R., and Stammer, H. (2006). Efficacy and tolerability of a fluid extract combination of thyme herb and ivy leaves and matched placebo in adults suffering from acute bronchitis with productive cough. *Arzneimittelforschung*, 56(09), 652–660.

薑黃

Chuengsamarn, S., Rattanamongkolgul, S., Luechapudiporn, R., Phisalaphong, C., and Jirawatnotai, S. (2012). Curcumin extract for prevention of type 2 diabetes. *Diabetes Care*, 35(11), 2121–2127.

Gupta, S. C., Sung, B., Kim, J. H., Prasad, S., Li, S., and Aggarwal, B. B. (2013). Multitargeting by turmeric, the golden spice: from kitchen to clinic. *Molecular Nutrition and Food Research*, 57(9), 1510–1528.

Soni, K. B., and Kuttan, R. (1992). Effect of oral curcumin administration on serum peroxides and cholesterol levels in human volunteers. *Indian Journal of Physiology and Pharmacology*, 36, 273–273.

Thangapazham, R. L., Sharma, A., and Maheshwari, R. K. (2007). Beneficial role of curcumin in skin diseases. In *The Molecular Targets and Therapeutic Uses of Curcumin in Health and Disease* (pp. 343–357). Springer.

購買資訊

若想要大量採購品質好的香料，以下通路提供了價格實惠、可靠與獨特的綜合香料。

邊境合作社
（Frontier co-op）
www.frontiercoop.com

山玫瑰草藥
（Mountain Rose Herbs）
www.mountainroseherbs.com

橡木村香料店
（Oaktown Spice Shop）
https://oaktownspiceshop.com

潘吉香料店
（Penzeys）
www.penzeys.com

重量轉換表

藥用香料	對等重量（公克）	
	1茶匙	1湯匙
黑胡椒（粉末）	4.2	12.6
金盞花（花瓣）	0.5	1.5
小荳蔻（粉末）	3.5	10.5
芹菜籽（種籽）	3	9
辣椒（粉末）	3.8	11.5
肉桂（粉末）	2.6	8
孜然（粉末/種籽）	3	9
茴香（種籽）	3.1	9.3
大蒜（粉末）	4.2	12.6
薑（粉末）	3	9
神聖羅勒（切碎過篩）	0.8	2.4
薰衣草（花）	1	3
薄荷（切碎過篩）	1.1	3.3
芥末（粉末/種籽）	2.6	7.8
香芹（切碎過篩）	0.7	2.3
迷迭香（切碎過篩）	2	6
鼠尾草（切碎過篩）	1.1	3.3
百里香（切碎過篩）	1.3	3.9
薑黃（粉末）	3.5	10.5

索引

插圖以*斜體*頁碼表示；圖表以**粗體**頁碼表示。

香料養生研究室：草藥學家暨營養師的藥用香料保健指南

探索十九種廚房常見香料，從臨床特性到食譜應用，調配改善人體七大健康基礎的養生處方箋

Spice Apothecary: Blending and Using Common Spices for Everyday Health

作　　者／貝文‧克萊爾（BEVIN CLARE）
譯　　者／華子恩
責任編輯／趙芷渟
封面設計／黃舒曼

發 行 人／許彩雪
總 編 輯／林志恆
行銷企畫／李惠瑜、徐緯程
出 版 者／常常生活文創股份有限公司
地　　址／106 台北市大安區信義路二段 130 號

讀者服務專線／(02) 2325-2332
讀者服務傳真／(02) 2325-2252
讀者服務信箱／goodfood@taster.com.tw
讀者服務專頁／http://www.goodfoodlife.com.tw/

法律顧問／浩宇法律事務所
總 經 銷／大和圖書有限公司
電　　話／(02) 8990-2588
傳　　真／(02) 2290-1628

製版印刷／龍岡數位文化股份有限公司
初版一刷／2021 年 03 月
定　　價／新台幣 399 元
ISBN ／ 978-986-99071-9-4

國家圖書館出版品預行編目 (CIP) 資料

香料養生研究室：草藥學家暨營養師的藥用香料
保健指南：探索十九種廚房常見香料，從臨床特
性到食譜應用，調配改善人體七大健康基礎的養
生處方箋 / 貝文‧克萊爾 (Bevin Clare) 著；華子
恩譯 .- 初版 .- 臺北市：常常生活文創股份有限公
司，2021.03
　　面；　公分
　　譯自：Spice apothecary : blending and using
common spices for everyday health
　　ISBN 978-986-99071-9-4(平裝)
　　1. 香料 2. 養生
　　434.194　　　　　　　　　　　　110002463

本出版物旨在為讀者提供有關涵蓋主題的
教育性資訊，並非用於取代醫療專業人員
的個人化醫療諮詢、診斷，與治療。

FB｜常常好食　　網站｜食醫行市集

著作權所有‧翻印必究（缺頁或破損請寄回更換）
Printed In Taiwan

Spice Apothecary
Copyright © 2020 by Bevin Clare
Originally published in the United States by Storey Publishing, LLC

Cover photography by © Michael Piazza
　　Photography/SAINT LUCY Represents, except for back (dished spices) by Mars Vilaubi
Interior photography by © Michael Piazza
　　Photography/SAINT LUCY Represents
Additional photography by © Bevin Clare, 78 & 79;
　　Courtesy of Funke Koleosho, 42; © margo555/stock.adobe.com, 97 left; Mars Vilaubi, 6, 87, 89 top, 90 right, 91, 94 right, 96 left,
　　97 right, 99 bottom left, 101 left; © MaxyM/Shutterstock.com, decorative labels, 10 and throughout; Courtesy of Michael Tims, 28;
　　courtesy of Patricia Howell, 142; © Sandeep Agarwal, 150
Photo styling by Ann Lewis
Food styling by Ash Austin
Cover and interior illustrations, including backgrounds page 40 and throughout, by © Andie Hanna
Diagram page 29 by Ash Austin

Text © 2020 by Bevin Clare